极地走航海冰观测图集

ATLAS OF SEA ICE ALONG POLAR VOYAGES

魏立新　孙虎林　任北期　编

海洋出版社

2016年·北京

图书在版编目(CIP)数据

极地走航海冰观测图集 / 魏立新, 孙虎林, 任北期编. —北京 : 海洋出版社, 2016.5
ISBN 978-7-5027-9448-4

Ⅰ. ①极… Ⅱ. ①魏… ②孙… ③任… Ⅲ. ①极地－海冰－观测－图集 Ⅳ. ①P941.62-64

中国版本图书馆CIP数据核字(2016)第099257号

责任编辑：王 溪
责任印制：赵麟苏

海洋出版社 出版发行
http://www.oceanpress.com.cn
北京市海淀区大慧寺路 8 号 邮编：100081
北京画中画印刷有限公司印刷 新华书店北京发行所经销
2016年5月第1版 2016年5月第1次印刷
开本：889mm × 1194mm 1 / 16 印张：12.5
字数：100千字 定价：150.00 元

发行部：010-62132549 邮购部：010-68038093 总编室：010-62114335

序言

自1984年开始由国家海洋局组织实施南北极科学考察以来，我国已开展南极考察32个航次，先后在南极建立了长城、中山、昆仑和泰山站；6次赴北冰洋考察并在北极建立了黄河站。中国的极地科考事业取得了举世瞩目的丰硕成果，跻身于世界极地考察的第一方阵。

极地海冰和冰山的观测研究有两大重要意义：首先是关系到科考船的航行安全和后勤补给能否顺利进行，因为海冰和冰山是科学考察船极区航行的最大障碍和潜在危险。要在冰区中安全航行，首先要了解海冰的物理特性、分布状态和变化规律，所以冰区走航海冰观测是随船海洋气象保障的重要组成部分。另外，海冰形态以及生消变化是大气、海洋、海冰相互共同作用的结果，开展南北极海冰观测对了解极地区域天气、气候特征有重要意义。

自1972年美国开始利用极轨卫星开展南北极海冰监测业务以来，人们可以利用海冰密集度资料，监测海冰的范围和面积变化。但对于南北极海冰的现场观测资料依然稀少，对海冰微观的物理特性和变化特征的了解仍然有限，只能靠各国家考察站和船只的观测记录，观测标准也不太规范。1995年，国家海洋环境预报中心在国家海洋局极地考察办公室的支持下翻译出版了美国海军极地海洋中心编制的《海冰观测手册》，但该手册只有对各类海冰物理形态的文字描述，无实际图片的个例，给实际观测中确定海冰类型造成一定困难。

国家海洋环境预报中心一直承担着我国南北极考察走航海冰观测任务，积累了大量的观测数据，近十年来更是通过拍摄积累了大量宝贵的图片观测资料。此次组织编纂的《极地走航海冰观测图集》一书，收集了大量具有代表性的海冰观测图片实例，有效地弥补了美国版《海冰观测手册》的不足，并可为今后极地考察走航海冰观测提供指导，是一项继往开来的工作。

本人作为一位从事极地冰区导航、极地海冰变化及其对全球气候影响研究的开拓者，得知我们极地考察的工作者要出版《极地走航海冰观测图集》一书，感到由衷的高兴，在此亦向所有参与此项工作的同志们表示真诚的感谢和祝贺！祝愿我国的极地考察事业蒸蒸日上、蓬勃发展！

2016年2月

前言

极地海冰在大气与海洋之间物质和能量交换中扮演着重要角色，是全球气候系统的重要一员。极地海-冰-气相互作用及其对天气气候的影响一直是各国极地科学考察的重点，也是全球变化研究中的热点。除海冰的面积、范围、密集度、厚度等特征外，海冰的形态特征也是海冰观测和研究的一项重要内容。美国和加拿大等国家虽然制定了各自的海冰分类标准和观测手册，但均以文字描述为主，缺少每类海冰的相应图片实例，所以国内外一直缺少一本针对不同形态海冰的走航观测图集。

1988年在我国第5次南极科学考察中，执行任务的“极地”号遭遇到严重的冰情，使得预报人员意识到海冰是南极航行安全和考察站正常运行的严重威胁。此后，国家海洋环境预报中心迅速开展了南极海冰的研究并在极地考察冰区走航期间对海冰密集度、海冰形态、冰山的移动变化等开展日常观测工作。从2004年第21次南极考察开始，随船观测人员开始通过数码相机拍摄记录海冰形态，通过十余年的不懈努力，积累了大量的图片资料。编者对这些图片进行了细致的分析和分类，按照海冰形态特征明显、图片质量高、图片尺寸大、兼具科学性与可观赏性等原则筛选出较有代表性的海冰观测图片，汇编成《极地海冰走航观测图集》进行出版。

本书内容主要分两部分：一是海冰分类介绍，主要以文字和层次图形等方式介绍了浮冰、冰山、固定冰三大类海冰和冰面形变、冰间水域的细致分类及其形态特征；二是图片及说明，共选出26类，共192幅有代表性的海冰图片，介绍了每幅图片中的海冰特征，并对拍摄地点、时间、位置、船首向、天气状况、拍摄者等信息进行了说明。本书可以作为极地考察走航海冰观测的指导用书，也可以作为物理海洋专业学生的参考用书。

《极地海冰走航观测图集》的出版得到了我国“南北极环境综合考察与评估”专项的大力支持。衷心感谢国家海洋环境预报中心解思梅研究员审阅了全书的初稿并为本书作序。在编纂和出版的过程中，芬兰气象研究所程斌研究员给予了多次指导，李志强、宋晓姜、县彦宗、孟上、向勇、张海影、黄勇勇、李敏、邓小花、闫涵、王晶、于海鹏、陈志昆、黄焕卿、张弛、马静、李东方和张进乐等同志提供了帮助，在此一并表示感谢。由于编者水平有限，书中不当之处在所难免，敬请读者指正，我们也将进一步收集充实其他类海冰观测图片，以便再版时进行改进。

编　者

2016年2月

目　录

第3章 冰 山

第4章 固定冰

第5章 其他海冰

第1章

海冰分类介绍

极地走航观测到的海冰按照其形态特征主要可以分为以下几大类：浮冰、冰山、固定冰和其他海冰（见图1.1），其中浮冰最为常见，其他部分主要包括冰面发生的形变及冰面断裂或断开形成的冰间水域。下面分别介绍各类海冰的具体划分及其形态特征。

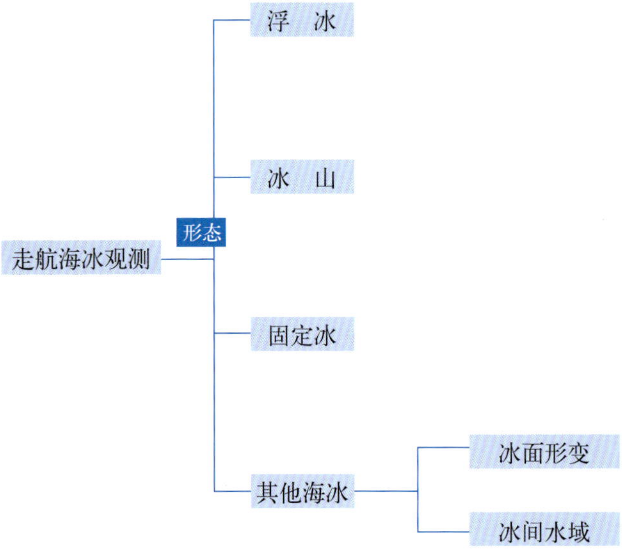

图1.1　海冰主要分类

1.1 浮冰分类及描述

在本书中，浮冰指漂浮在海面上、相对平坦的海冰。按照其形成发展的各个阶段，可以将浮冰划分为新冰、荷叶冰、初冰、一年冰、融化冰及陈冰，每部分又可根据形态或大小进一步分类（见图1.2），不同发展阶段的浮冰，其厚度有所不同（见表1.1）。

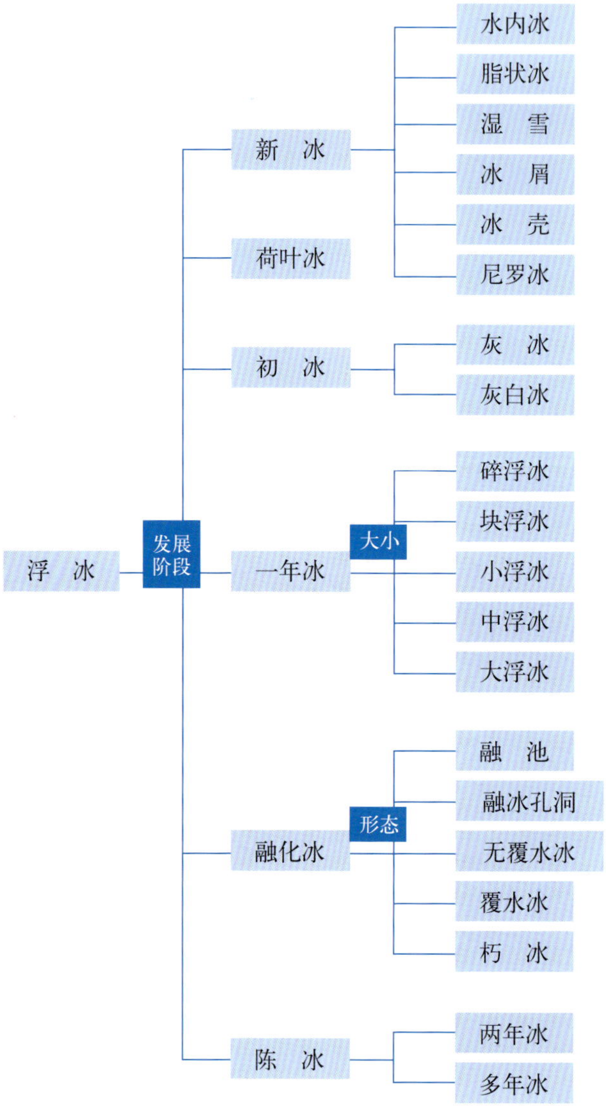

图1.2　浮冰主要类型

表1.1　浮冰不同发展阶段的厚度

发展阶段		厚度（cm）
新　冰	水内冰、脂状冰、冰屑、湿雪	0～10
	冰　壳	0～5
	暗尼罗冰	0～5
	明尼罗冰	5～10
荷叶冰		0～10
初　冰	灰　冰	10～15
	灰白冰	15～30
一年冰	一年薄冰	30～70
	一年中冰	70～120
	一年厚冰	120～200
陈　冰	两年冰	>200
	多年冰	>200

1.1.1　新　冰

新冰是新形成的海冰的总称，包括水内冰、脂状冰、湿雪和冰屑。这种类型的冰是由勉强冻结在一起的冰晶组成的，而且只是在漂浮状态下才具有一定的形状。因海冰形成时的海况与天气状况（如海面平静、有扰动、降雪等）不同，新冰有多种形式。

（1）水内冰

悬浮于水中细小的针状或盘状冰，是海冰形成的第一阶段。（由于该类型海冰极为细小，而“雪龙”号船舷较高，故目前缺少该类型海冰图片。）

（2）脂状冰

结冰过程中水内冰的后一阶段，冰晶在水面凝结形成一层汤状的表层，脂状冰基本不反光，使海面看起来没有光泽。

（3）湿　雪

陆地上、冰面上达到饱和的雪与水的混合物，也可以是一场大雪后水上漂浮着的黏稠冰雪。

（4）冰　屑

宽度为几厘米的白色海绵状冰团的积簇。它由脂状冰或湿雪演变而来，有时也可以是因锚冰上浮到海表面而形成。

（5）冰　壳

在平静的水面上，通过直接冻结或从脂状冰发展形成的一易碎的、有光泽的薄冰。通常在低盐度的水中形成，厚度约为5厘米，容易在风和涌浪中破裂成矩形块。

（6）尼罗冰

一种具有弹性的薄冰层，极易随涌、浪而弯曲，受挤压时像相互交错的手指一样向上耸起（指状冰）且外表灰暗无光泽，厚度可达10厘米。它还可以再分为暗尼罗冰和明尼罗冰：暗尼罗冰是指厚度不足5厘米，颜色极深的尼罗冰；明尼罗冰是指厚度超过5厘米的尼罗冰，颜色比暗尼罗冰稍亮。

1.1.2 荷叶冰

荷叶冰又称饼浮冰，其形状主要呈圆形，直径从30厘米至3米，厚度可达10厘米的冰块，由于彼此互相碰撞而具有隆起的边缘。它可以由脂状冰、冰屑或湿雪在轻涌中形成，或者是由冰壳、尼罗冰及灰冰破碎而成，且这种破碎过程也可能是在涌、浪严重的情况下发生。它也可以在海下某一深处不同物理特性的水团分界面处形成，并从那里上升至海面。莲叶冰可以迅速出现并覆盖宽广的水域。

1.1.3 初 冰

初冰指处于尼罗冰或荷叶冰和一年冰过渡期的冰，厚度为10～30厘米，可分为灰冰和灰白冰。

（1）灰 冰

灰冰是指厚度为10～15厘米的初冰，其弹性比尼罗冰小，可在涌浪中破碎，在一定的挤压下通常成筏状。

（2）灰白冰

灰白冰是指厚度为15～30厘米的初冰，在一定的挤压下更容易呈脊状而不是呈筏状。

1.1.4 一年冰

一年冰指由初冰发展而成且只经历一个冬季成长季节（当年3—9月，下同）的海冰，其厚度为0.3～2.0米。一年冰是极地考察，特别是南极科学考察走航观测到最为普遍的海冰，根据其尺度大小可进一步细分为碎浮冰、块浮冰、小浮冰、中浮冰、大浮冰、庞大浮冰和巨大浮冰（见表1.2），本书中将大浮冰、庞大浮冰和巨大浮冰统称为大浮冰。

表1.2 一年浮冰的大小

名 称		浮冰尺寸（m）
碎浮冰		<2
块浮冰		≤20
小浮冰		20～100
中浮冰		100～500
大浮冰	大浮冰	500～2 000
	庞大浮冰	2 000～10 000
	巨大浮冰	>10 000

1.1.5 融化冰

融化冰指处于融化阶段的海冰。当夏季消融季节（当年10月至翌年2月，下同）来临时，海冰表面融化出现液态水，从而引起海冰外观的一系列变化。

（1）融 池

融池又称融冰坑，由冰上融水的聚集而形成，初期主要来自雪的融化，但在较后的发展阶段也可以是来自冰的融化。

（2）融冰孔洞

海冰被表面的融池融穿，与下面的海水相通而形成的垂直孔洞。

（3）无覆水冰

在形成断裂和融冰孔洞后表面融水已排干了的海冰，在此无覆水冰时期内，海冰呈白色。

（4）覆水冰

被融水或海水浸湿的海冰，其上面带有大量的水或湿雪。

（5）朽　冰

已成了蜂窝状并处于解体前最后阶段的海冰。

1.1.6 陈　冰

陈冰指至少经历过一个夏季融化季节而继续存在的海冰，其大多数表面特征要比一年冰光滑，其可以再分为两年冰和多年冰。

（1）两年冰

两年冰是指只经历一个夏季融化的陈冰，它比一年冰厚、密度小，故其水上部分较高。与多年冰不同，夏季融化时形成的许多融水坑组成了规则的图案。裸露的小片水区或融水坑通常呈蓝绿色。

（2）多年冰

至少经历两个夏季的融化而继续存在的厚度超过2米的海冰。多年冰内已基本无盐分，且其上的冰丘要比两年冰更光滑，其裸露处的颜色通常为蓝色，其融化形式包括一些相互连接的不规则融冰坑和良好的排水通道。

1.2 冰山分类及描述

冰山是指从冰川或极地冰盖临海一端破裂落入海中漂浮的大块淡水冰，按照其大小可分为冰山和碎冰山，并且根据不同的形态可进一步分类（见图1.3）。

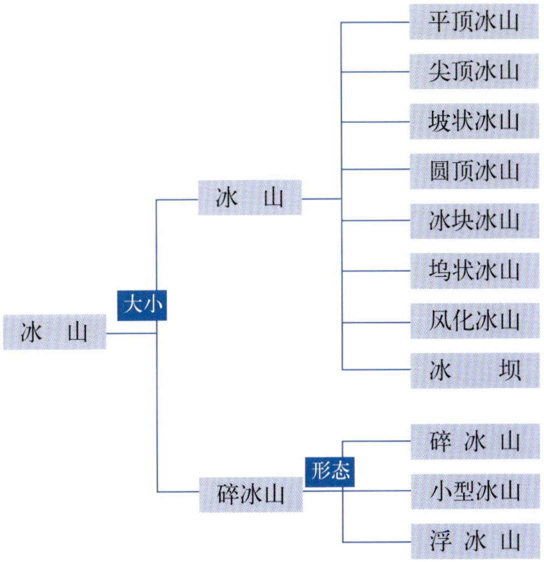

图1.3　冰山主要类型

1.2.1 冰　山

高于海面5米以上的，从冰川中分裂出来的，可以是漂浮的或搁浅的，形状差异极大的巨大冰块。冰山形态多种多样，可以进一步分为平顶、尖顶、坡状、圆顶、冰块、坞状、风化冰山和冰坝。

（1）平顶冰山

具有平坦顶部的冰山，多数呈现为水平板状。

（2）尖顶冰山

具有一个或多个尖顶或锥顶的冰山。

（3）坡状冰山

具有相对平坦的顶部，一侧坡度较为陡立，而另一侧坡度较为和缓的冰山。

（4）圆顶冰山

具有较圆滑顶部的冰山。

（5）冰块冰山

具有平坦顶部和陡立侧面的冰山，水平长度和垂直高度的比例较平坦冰山小，使得其呈现为块状，而不是水平板状。

（6）坞状冰山

受侵蚀后呈现为“U”型槽状的冰山，其中中间部分已接近或达到水面，周围有两个或多个冰峰。

（7）风化冰山

受风蚀作用影响强烈而风化严重的冰山。

（8）冰坝

从冰架上分裂出来的巨大漂浮冰山，具有较平坦的顶部，面积从几平方千米至几百平方千米。

1.2.2 碎冰山

本书中将碎冰山、小型冰山和浮冰山统称为碎冰山，具体描述如下。

（1）碎冰山

比小型冰山或浮冰山更小的冰块，通常是透明的，但颜色呈绿色或近于黑色，一般高出海面不足1米，面积一般为20平方米左右。

（2）小型冰山

漂流的冰川冰，一般高出海面1～5米，长约5～15米，面积一般在100～300平方米。

（3）浮冰山

由一个冰丘或一组冰丘组成的巨大海冰块，它们互相冻连在一起且与周围海冰相分离，通常高出海面5米。

1.3 固定冰分类及描述

固定冰为沿着海岸、冰壁、冰川前沿、两浅滩之间或搁浅的冰山之间生成的海冰，或附着于此的海冰。固定冰可在原地由海水冻结而成，也可因任何冰龄的浮冰群冻结到岸边而形成，固定冰可从岸边向海中延伸数米至数百千米。固定冰可分为陆缘冰、初岸冰、冰足、锚冰、搁浅冰、搁浅冰山和隔岸冰（见图1.4）。

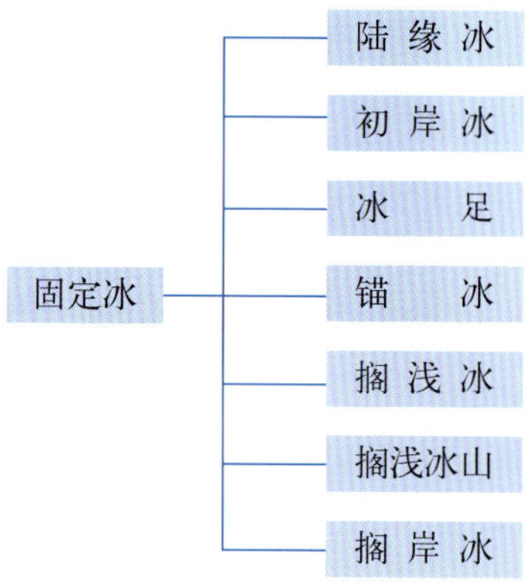

图1.4　固定冰主要类型

（1）陆缘冰

陆缘冰一般是指位于南极大陆边缘、与大陆相连的浮动冰层。

（2）初岸冰

初岸冰是固定冰生成的最初阶段，包括尼罗冰和初冰，其可从海岸向外延伸的宽度可在几米到一两百米之间。

（3）冰足

附着于海岸上的一条狭长冰缘，其不因潮汐而移动，甚至在近岸的固定冰移走后也仍存在。

（4）锚　冰

附着或固定在海底的水下冰。（由于该类型海冰位于水下，故目前缺少该类型海冰图片。）

（5）搁浅冰

在浅水域搁浅的漂浮冰。

（6）搁浅冰山

在浅水域搁浅的冰山或碎冰山。

（7）搁岸冰

由原先漂浮着的冰块在高水位退去时被搁置在陆地上而形成。

1.4 其他海冰

本部分主要包括冰面发生的各种形变以及冰面断裂或断开形成的冰间水域。

1.4.1 冰面形变

海冰并不是总呈现为光滑的块状。风、浪、流或潮汐的动力作用可以使海冰破碎，也可使其相互聚积或沿岸堆积。另外，天气的变化也影响海冰的外形。根据形态可将冰面发生的形变分为以下几种。

（1）指状冰

指状冰是一种主要出现在冰壳、尼罗冰和灰冰阶段的堆积冰，其上形成相互冻连的凸出物，每块浮冰上都有上下交错突出的“手指”。

（2）筏状冰

筏状冰是指两块冰相互重叠形成的变形冰，主要出现在新冰和灰冰阶段。

（3）堆积冰

海冰杂乱地挤压堆积重叠而形成具有不规则表面的海冰。

（4）侧立浮冰

由交平滑的海冰包围的一块单独的、直立或倾斜的冰。

（5）冰脊

因挤压作用使破碎的冰向上隆起，而形成的一条冰线或一堵冰墙成为冰脊，其可以是新形成的，也可以是已经风化了的，其可进一步细分为新冰脊、风化冰脊和老化冰脊。新冰脊是指新生成的冰脊，有尖的冰峰和超过40度的冰斜坡；风化冰脊的冰峰交圆滑，冰斜坡度数通常在20～40度；老化冰脊经历了相当程度的风化作用，冰峰和冰斜坡均已不明显，其表面呈现起伏不定。

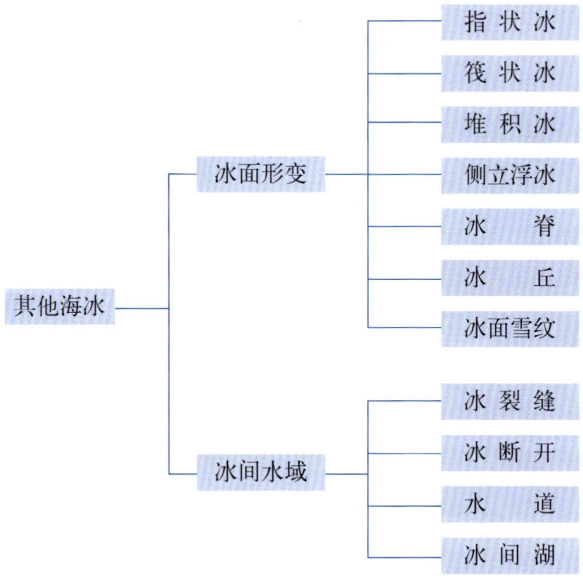

图1.5 其他冰主要类型

(6) 冰丘

冰丘是指在挤压作用下碎冰向上隆起堆积生成的小丘，其高度高于冰脊，其可以是新生的或已风化的。

(7) 冰面雪纹

有积雪的冰面因风蚀或沉积而形成的一道道轮廓分明、形状不规则的脊。在移动的浮冰上，脊与其形成时的盛行风向平行。

1.4.2 冰间水域

冰间水域主要包括冰裂缝、冰断开、水道和冰间湖四种，具体描述如下。

(1) 冰裂缝

固定冰或单一浮冰因变形而产生宽度小于1米的断裂成为冰裂缝，其可分为因潮汐而起落的潮汐裂缝和强风浪或海流的动力作用剪切而形成的裂缝。

(2) 冰断开

密集海冰、冻连冰群、固定冰或单一浮冰因变形过程产生的任何形式的破碎或断裂，断开的宽度从几米至几千米不等，内部可能有一些小的浮冰。

(3) 水道

水道是海冰间任何可供水面船只航行的断开或通道。

(4) 冰间湖

冰间湖是指四周被冰封闭的水面，不呈线状，内部可有小的浮冰。

第2章
浮 冰

2.1 新 冰

2.1.1 脂状冰

图2.1 新冰之脂状冰（1）

描 述：视野内表面黏稠光滑部分为脂状冰，仿佛海面漂着一层油脂，它随波浪上下起伏，密集度约九成，冰厚小于1厘米，在微风扰动下有些地方被吹散使得海面颜色较暗，视野中央为一座碎冰山，远处另有多座冰山和一年浮冰（图2.1）。

拍摄时间：2006年2月26日03:41UTC

拍摄地点：南极普里兹湾，中山站附近，经纬度：68.53°S，77.43°E

拍摄时天气状况：少云，能见度约20千米

拍摄位置：“雪龙”号右舷

船首向：300

拍摄者：宋晓姜

图2.2 新冰之脂状冰（2）

描　述：视野内表面黏稠光滑部分为脂状冰，仿佛海面漂着一层油脂，它基本不反光并随波浪上下起伏，密集度约九成，冰厚小于1厘米，视野中央的脂状冰被微风扰动吹散，远处为密集冰山区（图2.2）。

拍摄时间：2006年2月26日03:39UTC

拍摄地点：南极普里兹湾，中山站附近，经纬度：68.53°S，77.43°E

拍摄时天气状况：少云，能见度约20千米

拍摄位置：“雪龙”号左舷

船首向：300

拍摄者：宋晓姜

图2.3　新冰之脂状冰（3）

描　述：此图为脂状冰近景图，视野内表面黏稠光滑部分为脂状冰，仿佛海面漂着一层油脂，它随波浪上下起伏，冰厚小于1厘米，视野中央的脂状冰被微风扰动吹散（图2.3）。

拍摄时间：2006年2月26日03:39UTC

拍摄地点：南极普里兹湾，中山站附近，经纬度：68.53°S，77.43°E

拍摄时天气状况：少云，能见度约20千米

拍摄位置："雪龙"号左舷

船首向：300

拍摄者：宋晓姜

图2.4　新冰之脂状冰（4）

描　述：视野内表面黏稠无光泽的海冰为脂状冰，其在无扰动的平静海面上生成，厚度约1～2厘米，它随船舶航行产生的波浪上下起伏，脂状冰内部有一些破裂使得颜色稍亮，视野远处白色海冰为一年冰，厚度明显比脂状冰厚（图2.4）。

拍摄时间：2008年8月30日08:38UTC

拍摄地点：北冰洋，经纬度：84.95°N，146.48°W

拍摄时天气状况：阴天有浓雾，能见度不足1千米

拍摄位置："雪龙"号左舷

船首向：180

拍摄者：Pekka Kosloff

图2.5　新冰之脂状冰（5）

描　述：此图为脂状冰近景图，视野内表面黏稠无光泽部分为脂状冰，厚度约1～2厘米，它随船舶航行产生的波浪上下起伏，脂状冰内部发生一些破裂使得颜色稍亮（图2.5）。

拍摄时间：2008年8月30日08:38UTC

拍摄地点：北冰洋，经纬度：84.95°N，146.48°W

拍摄时天气状况：阴天有浓雾，能见度不足1千米

拍摄位置：“雪龙”号左舷

船首向：180

拍摄者：Pekka Kosloff

2.1.2 冰　屑

描　述：视野内白色海冰为新生的冰屑，密集度约一成，它在有风浪扰动的海面上生成，被风吹成一条条的带状并随波浪上下起伏，从右下角可以看出它是由宽度为几厘米的白色小冰团聚集在一起（图2.6）。

拍摄时间：2004年11月15日

拍摄地点：南极威德尔海，经纬度不详

拍摄时天气状况：轻雾，能见度约2千米

拍摄位置：德国“RV Polarstern”科考船

拍摄者：Pekka Kosloff

图2.6　新冰之冰屑（1）

图2.7　新冰之冰屑（2）

描　述：此图为冰屑近景图，可以看出它是由宽度为几厘米的白色小冰团聚集在一起，随波浪上下起伏且被风吹成一条条的带状，图右下角为一块一年碎浮冰的一角（图2.7）。

拍摄时间：2004年11月15日

拍摄地点：南极威德尔海，经纬度不详

拍摄时天气状况：轻雾，能见度约2千米

拍摄位置：德国“RV Polarstern”科考船

拍摄者：Pekka Kosloff

2.1.3 湿 雪

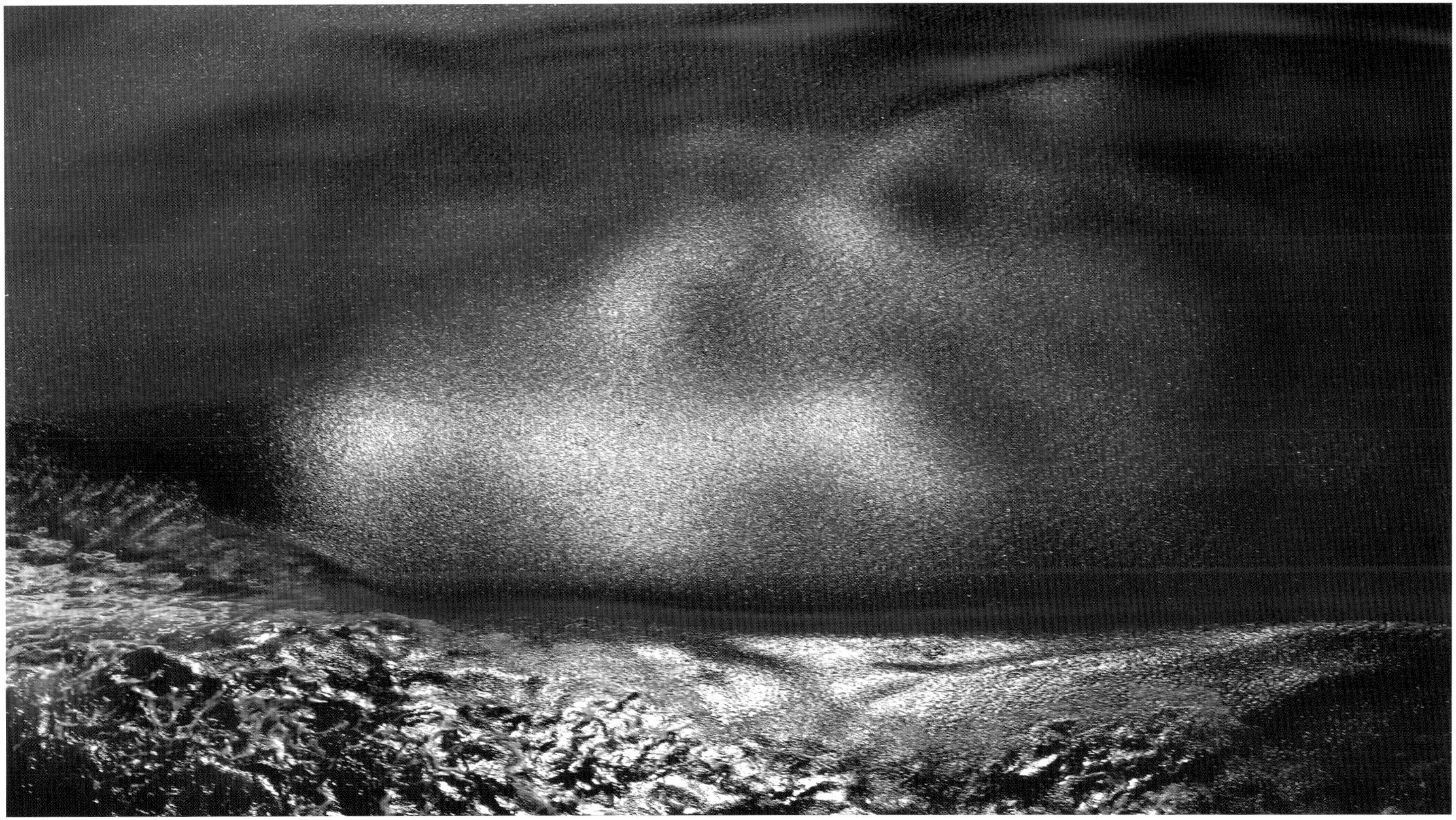

图2.8 新冰之湿雪

描 述：此图为湿雪近景图，其为一场雪之后在水面上漂浮着的黏稠冰雪，它随涌浪上下起伏但可以压制小的波纹，图下部可见湿雪与水面的分界线，由于光线原因图中湿雪颜色较暗（图2.8）。

拍摄时间：2014年12月23日
拍摄地点：南极威德尔海，经纬度不详
拍摄时天气状况：不详
拍摄位置：德国“RV Polarstern”科考船
拍摄者：Pekka Kosloff

2.1.4 冰 壳

图2.9 新冰之冰壳（1）

描 述：视野内海冰密集度超过九成，颜色较深的大片海冰为平静海面上由于降温而生成的冰壳，其厚度小于5厘米，上面无积雪覆盖故颜色较深，其可随涌浪上下起伏；视野正中的冰壳由于碰撞叠加成指状冰而颜色变亮，右侧部分冰壳在涌浪作用下发生变形并破碎成矩形的块状（图2.9）。

拍摄时间：2008年3月10日07:07UTC
拍摄地点：南极普里兹湾，经纬度：68.75°S，75.75°E
拍摄时天气状况：多云，能见度超过20千米
拍摄位置：“雪龙”号右舷
船首向：333
拍摄者：任北期

图2.10 新冰之冰壳（2）

描　述：视野内海冰总密集度约九成，主要冰型为在风和涌浪作用下发生变形破碎后的矩形块状冰壳，其厚度小于5厘米，上面无积雪覆盖故颜色较深，其随涌浪上下起伏，冰壳交界处由于碰撞叠加变厚而颜色变亮；视野远处可见一些零散的浮冰或冰山（图2.10）。

拍摄时间：2008年3月10日06:57UTC

拍摄地点：南极普里兹湾，经纬度：68.75°S，75.75°E

拍摄时天气状况：多云，能见度超过20千米

拍摄位置：“雪龙”号左舷

船首向：333

拍摄者：任北期

图2.11　新冰之冰壳（3）

描　述：视野内主要冰型为灰色的冰壳，其在风和涌浪作用下发生破碎，厚度小于5厘米，上面有少量积雪覆盖，使得其颜色呈灰色，冰壳交界处由于碰撞堆积变厚而颜色稍亮，视野内另有一些碎浮冰（图2.11）。

拍摄时间：2009年1月15日09:21UTC
拍摄地点：南极戴维斯海，经纬度：66.25°S，110.05°E
拍摄时天气状况：阴天有轻雾，能见度8～10千米
拍摄位置："雪龙"号左舷
船首向：127
拍摄者：张海影

图2.12 新冰之冰壳（4）

描 述：视野内海冰总密集度约八成，颜色较暗的海冰为平静海面上由于降温而生成的冰壳，密集度约五成，厚度小于5厘米，上面覆盖有薄薄的积雪，冰壳交界处由于碰撞叠加变厚而颜色变亮；视野远处白色海冰为一年小浮冰，密集度约三成，厚度约几十厘米（图2.12）。

拍摄时间：2012年9月3日11:53UTC

拍摄地点：北冰洋，经纬度：82.4°N，177.37°E

拍摄时天气状况：阴天有轻雾，能见度约2千米

拍摄位置："雪龙"号左舷

船首向：183

拍摄者：李 敏

图2.13　新冰之冰壳（5）

描　述：视野内海冰总密集度及冰型等信息见图2.12，冰壳外缘在风和浪的作用下不断发生破碎，自内向外可以清晰看出其破碎过程，冰壳先破裂成较狭长的大块（内层），再破碎成小块（中层），进一步破碎变小并接近粉末状（外层）（图2.13）。

拍摄时间：2012年9月3日11:53UTC
拍摄地点：北冰洋，经纬度：82.4°N，177.37°E
拍摄时天气状况：阴天有轻雾，能见度约2千米
拍摄位置："雪龙"号左舷
船首向：183
拍摄者：李　敏

图2.14 新冰之冰壳（6）

描　述：视野内颜色较深的海冰为单层冰壳，厚度不到5厘米，其较少受到风浪影响而呈较大的片状，冰壳边界处由于碰撞堆积变厚而颜色变亮（图2.14）。

拍摄时间：2014年2月25日04:43UTC

拍摄地点：南极普里兹湾，经纬度：66.35°S，72.92°E

拍摄时天气状况：阴天，能见度约8千米

拍摄位置："雪龙"号左舷

船首向：195

拍摄者：于海鹏

2.1.5 暗尼罗冰

图2.15 新冰之暗尼罗冰（1）

描 述：视野内海冰总密集度约五成，主要冰型为暗尼罗冰，密集度约四成，厚度小于5厘米，其在风和涌浪的作用下破裂成块状，暗尼罗冰交界处由于碰撞堆积变厚而颜色稍亮，而内部较薄颜色较深；视野内另有一块两年小浮冰和零散的两年碎浮冰，视野远处有几座冰山或碎冰山（图2.15）。

拍摄时间：2012年3月6日02:49UTC

拍摄地点：南极普里兹湾，戴维斯站附近，经纬度：68.60°S，77.75°E

拍摄时天气状况：多云，能见度超过20千米

拍摄位置："雪龙"号左舷

船首向：71

拍摄者：孙虎林

图2.16 新冰之暗尼罗冰（2）

描 述：此图为暗尼罗冰的近景图，其厚度小于5厘米，在风和涌浪的作用下破裂成了块状，暗尼罗冰交界处由于挤压碰撞发生堆积或翘起而颜色稍亮，而内部较薄颜色较深（图2.16）。

拍摄时间：2012年3月6日03:23UTC

拍摄地点：南极普里兹湾，戴维斯站附近，经纬度：68.60°S，77.82°E

拍摄时天气状况：多云，能见度超过20千米

拍摄位置：“雪龙”号左舷

船首向：351

拍摄者：孙虎林

图2.17 新冰之暗尼罗冰（3）

描　述：此图为暗尼罗冰的细节展示图，其厚度小于5厘米，在风和涌浪的作用下破裂成了块状，暗尼罗冰交界处由于挤压碰撞发生堆积或翘起而颜色稍亮，而内部较薄颜色较深（图2.17）。

拍摄时间：2012年3月6日03:22UTC
拍摄地点：南极普里兹湾，戴维斯站附近，经纬度：68.60°S，77.82°E
拍摄时天气状况：多云，能见度超过20千米
拍摄位置：“雪龙”号左舷
船首向：351
拍摄者：孙虎林

图2.18　新冰之暗尼罗冰（4）

描　述：视野内颜色较暗厚度较薄的海冰为暗尼罗冰，其密集度约八成，厚度小于5厘米，其在风和涌浪的作用下破裂成块状，内部较薄颜色较深而边界处由于碰撞堆积变厚而颜色稍亮，视野右侧另有少量块浮冰和碎浮冰（图2.18）。

拍摄时间：2014年2月25日06:38UTC

拍摄地点：南极普里兹湾，经纬度：66.50°S，72.91°E

拍摄时天气状况：阴天，能见度约10千米

拍摄位置：“雪龙”号右舷

船首向：150

拍摄者：于海鹏

2.1.6 明尼罗冰

图2.19 新冰之明尼罗冰（1）

描　述：视野内海冰密集度约九成，颜色较亮的为明尼罗冰，其密集度约五成，厚度5～10厘米，颜色较暗的为暗尼罗冰，密集度约四成，暗尼罗冰由于碰撞堆积在一起使得厚度变厚颜色变亮而形成明尼罗冰（图2.19）。

拍摄时间：2013年3月8日00:10UTC

拍摄地点：南极普里兹湾，经纬度：69.14°S，75.66°E

拍摄时天气状况：阴天，能见度约15千米

拍摄位置："雪龙"号右舷

船首向：205

拍摄者：闫　涵

图2.20　新冰之明尼罗冰（2）

描　述：图2.20为明尼罗冰的近景图，其厚度5～10厘米，比暗尼罗冰厚，颜色也明显比暗尼罗冰亮，其为暗尼罗冰互相挤压碰撞发生堆积成的筏状冰，图中可见部分未发生堆积的颜色较暗的暗尼罗冰。

拍摄时间：2012年3月6日03:22UTC

拍摄地点：南极普里兹湾，戴维斯站附近，经纬度：68.60°S，77.82°E

拍摄时天气状况：多云，能见度超过20千米

拍摄位置："雪龙"号右舷

船首向：351

拍摄者：孙虎林

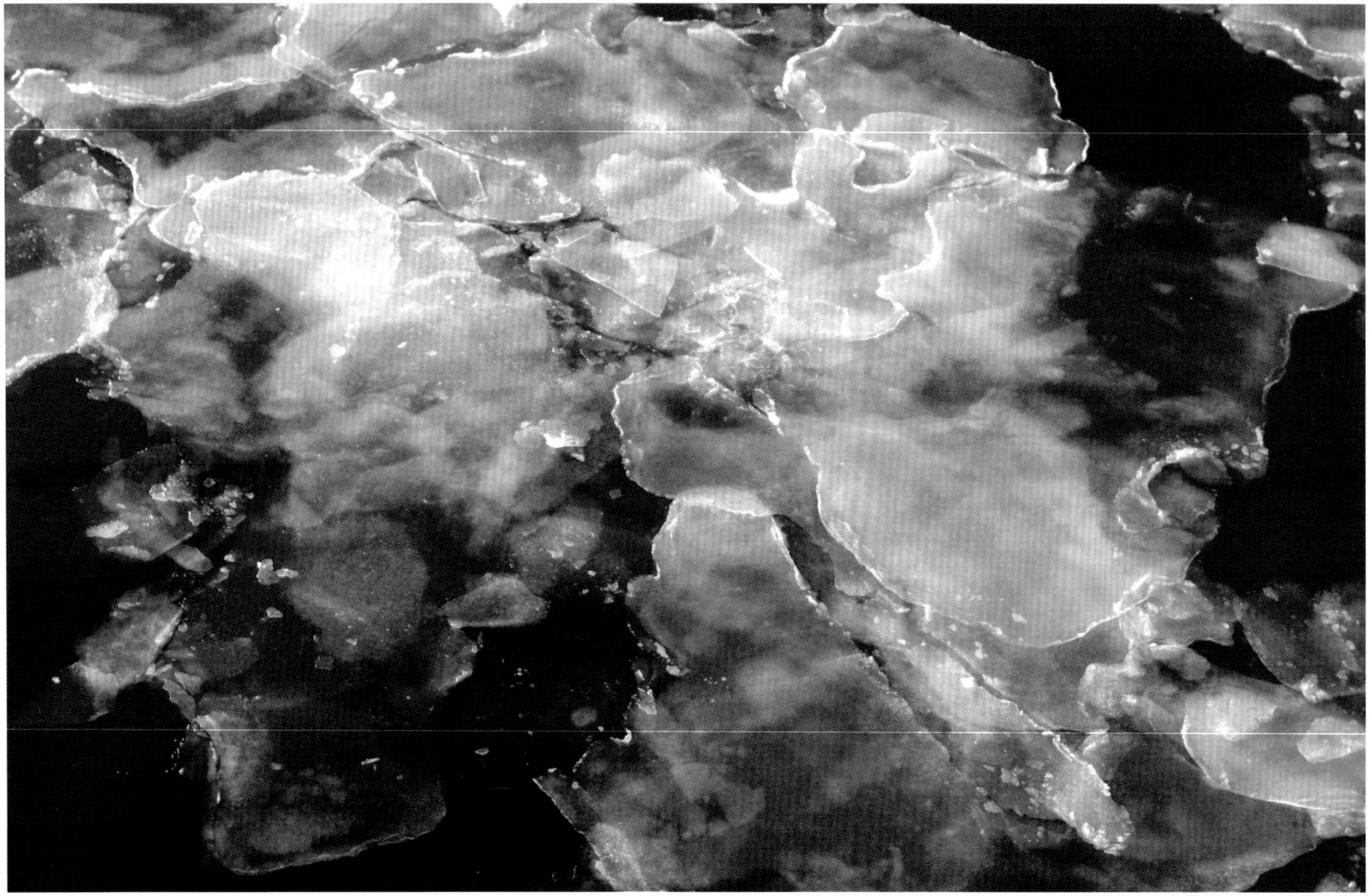

图2.21 新冰之明尼罗冰（3）

描　述：图2.21为明尼罗冰的细节展示图，其厚度5～10厘米，比暗尼罗冰厚，颜色也明显比暗尼罗冰亮，图中清晰可见海冰互相挤压碰撞发生堆积的结果。

拍摄时间：2012年3月6日03:22UTC

拍摄地点：南极普里兹湾，戴维斯站附近，经纬度：68.60°S，77.82°E

拍摄时天气状况：多云，能见度超过20千米

拍摄位置：“雪龙”号右舷

船首向：351

拍摄者：孙虎林

2.2 荷叶冰

图2.22 荷叶冰（1）

描　述：视野内海冰总密集度约九成，皆为新生的荷叶冰，其生成后迅速蔓延至大片海域，厚度5～10厘米，在风浪等动力作用下破碎成圆块状并随涌浪上下起伏，近处船行波浪漫过海冰形成的浪花使得颜色较亮（图2.22）。

拍摄时间：2008年3月10日06:54UTC
拍摄地点：南极普里兹湾，经纬度：68.81°S，75.80°E
拍摄时天气状况：多云，能见度约20千米
拍摄位置：“雪龙”号右舷
船首向：345
拍摄者：任北期

图2.23　荷叶冰（2）

描　述：此图为荷叶冰近景图，其在风浪的动力作用下破碎成直径几十厘米的圆块，厚度5～10厘米，边缘由于相互碰撞而向上突起使得颜色较亮，而内部较薄颜色较暗，图片右下角白色部分为船行波浪漫过海冰形成的浪花（图2.23）。

拍摄时间：2008年3月10日06:58UTC
拍摄地点：南极普里兹湾，经纬度：68.80°S，75.78°E
拍摄时天气状况：多云，能见度约20千米
拍摄位置："雪龙"号左舷
船首向：345
拍摄者：任北期

图2.24　荷叶冰（3）

描　述：图2.24为荷叶冰近景图，其在风浪的动力作用下破碎成直径几十厘米至一两米的饼状，厚度5～10厘米，边缘由于碰撞而翘起使得颜色变亮，内部颜色较暗，视野远处有零星的两年碎浮冰。

拍摄时间：2008年3月12日07:15UTC

拍摄地点：南极普里兹湾，经纬度：65.65°S，74.92°E

拍摄时天气状况：阴天，能见度约10千米

拍摄位置："雪龙"号右舷

船首向：10

拍摄者：向　勇

图2.25　荷叶冰（4）

描　述：视野内海冰密集度超过九成，其中颜色较暗的是新生的荷叶冰，其直径几十厘米，厚度不到5厘米，其在涌浪潮汐动力作用下破碎成饼状，边缘由于互相碰撞而翘起，视野内白色较厚海冰为两年碎浮冰（图2.25）。

拍摄时间：2012年2月28日14:47UTC
拍摄地点：南极普里兹湾，经纬度：69.38°S，74.54°E
拍摄时天气状况：晴天无云，能见度大于20千米
拍摄位置：“雪龙”号左舷
船首向：348
拍摄者：孙虎林

图2.26　荷叶冰（5）

描　述：图2.26为荷叶冰近景图，图中较薄颜色较暗的海冰为荷叶冰，上面有少量雪覆盖，其破裂成直径几十厘米的饼状，边缘由于碰撞稍微翘起使得颜色变亮，视野内白色较厚海冰为两年碎浮冰。

拍摄时间：2012年2月28日14:51UTC

拍摄地点：南极普里兹湾，经纬度：69.37°S，74.53°E

拍摄时天气状况：晴天无云，能见度大于20千米

拍摄位置：“雪龙”号左舷

船首向：355

拍摄者：孙虎林

2.3 初 冰

2.3.1 灰 冰

图2.27 初冰之灰冰（1）

描 述：图2.27为灰冰远景图，视野内海冰总密集度约九成，灰冰厚约10厘米，由破碎的荷叶冰在低温下重新冻结而成，尺寸比饼浮冰要大，其边缘没有明显的翘起，灰冰中夹杂零星的两年碎浮冰，视野远处有几座冰山。

拍摄时间：2008年3月10日10:28UTC

拍摄地点：南极普里兹湾，经纬度：67.93°S，75.53°E

拍摄时天气状况：多云，能见度约20千米

拍摄位置："雪龙"号右舷

船首向：10

拍摄者：向 勇

图2.28 初冰之灰冰（2）

描　述：图2.28为灰冰近景图，冰厚约10厘米，由破碎的荷叶冰在低温下重新冻结而成，内部重新冻结的痕迹清晰可见，尺寸比荷叶冰要大，其边缘偶有碰撞产生的翘起，白色较厚海冰为两年碎浮冰。

拍摄时间：2008年3月10日10:28UTC

拍摄地点：南极普里兹湾，经纬度：67.93°S，75.53°E

拍摄时天气状况：多云，能见度约20千米

拍摄位置：“雪龙”号右舷

船首向：10

拍摄者：向　勇

图2.29 初冰之灰冰（3）

描　述：图2.29为灰冰细节展示图，可见其由破碎的荷叶冰在低温下重新冻结而成，冻结前荷叶冰边缘的翘起在内部清晰可见，其尺寸比荷叶冰要大，边缘偶有碰撞产生的翘起。

拍摄时间：2008年3月10日10:28UTC

拍摄地点：南极普里兹湾，经纬度：67.93°S，75.53°E

拍摄时天气状况：多云，能见度约20千米

拍摄位置："雪龙"号右舷

船首向：10

拍摄者：向　勇

图2.30　初冰之灰冰（4）

描　述：视野内海冰密集度约九成，其中厚度较薄颜色较暗的是新生的灰冰，密集度约七成，厚度约10厘米，其在涌浪或潮汐的动力作用下破碎成饼状，视野内白色较厚的海冰为两年碎浮冰或块浮冰，密集度约两成（图2.30）。

拍摄时间：2015年3月7日03:23UTC

拍摄地点：南极普里兹湾，经纬度：65.51°S，75.29°E

拍摄时天气状况：少云，能见度超过20千米

拍摄位置：“雪龙”号左舷

船首向：76

拍摄者：张　弛

图2.31　初冰之灰冰（5）

描　述：图2.31为灰冰近景图，图中较薄颜色较暗的海冰为灰冰，其破裂成饼状，内部可见其重新冻结的痕迹，边缘由于碰撞稍微翘起使得颜色变亮，视野内白色较厚海冰为两年碎浮冰。

拍摄时间：2015年3月7日03:30UTC

拍摄地点：南极普里兹湾，经纬度：65.51°S，75.32°E

拍摄时天气状况：少云，能见度超过20千米

拍摄位置："雪龙"号左舷

船首向：76

拍摄者：张　弛

图2.32 初冰之灰冰（6）

描　述：图2.32为灰冰细节展示图，饼状的灰冰内部可见其由更小的饼状小块重新冻结的痕迹，冻结之前的小块边缘由于碰撞稍微翘起或堆积变厚使得颜色变亮。

拍摄时间：2015年3月7日03:30UTC

拍摄地点：南极普里兹湾，经纬度：65.51°S，75.32°E

拍摄时天气状况：少云，能见度超过20千米

拍摄位置：“雪龙”号左舷

船首向：76

拍摄者：张　弛

2.3.2 灰白冰

图2.33 初冰之灰白冰（1）

描　述：视野内海冰密集度接近十成，其中厚度较薄颜色较暗的是灰白冰，密集度约六成，厚度约20厘米，上面覆盖有少量的积雪，由于其新生成而较少受到涌浪潮汐的动力破坏，故大片地连在一起；视野内白色较厚海冰为两年块浮冰，密集度约四成（图2.33）。

拍摄时间：2014年3月1日02:59UTC
拍摄地点：南极普里兹湾，经纬度：67.54°S，73.08°E
拍摄时天气状况：阴有小雪，能见度约2千米
拍摄位置：“雪龙”号右舷
船首向：10
拍摄者：于海鹏

图2.34 初冰之灰白冰（2）

描　述：图2.34为灰白冰近景图，由于持续低温使得之前的块状浮冰重新冻结增厚而成，图中清晰可见重新冻结前的边缘痕迹，由于较少受到涌浪潮汐的动力破坏，其整体连成一大片，灰白冰上覆盖有少量的积雪；视野近处的海冰可能由于有海水拍打上去而使得颜色较深。

拍摄时间：2014年3月1日09:03UTC

拍摄地点：南极普里兹湾，经纬度：66.91°S，72.31°E

拍摄时天气状况：阴天有阵雪，能见度约5千米

拍摄位置："雪龙"号右舷

船首向：330

拍摄者：于海鹏

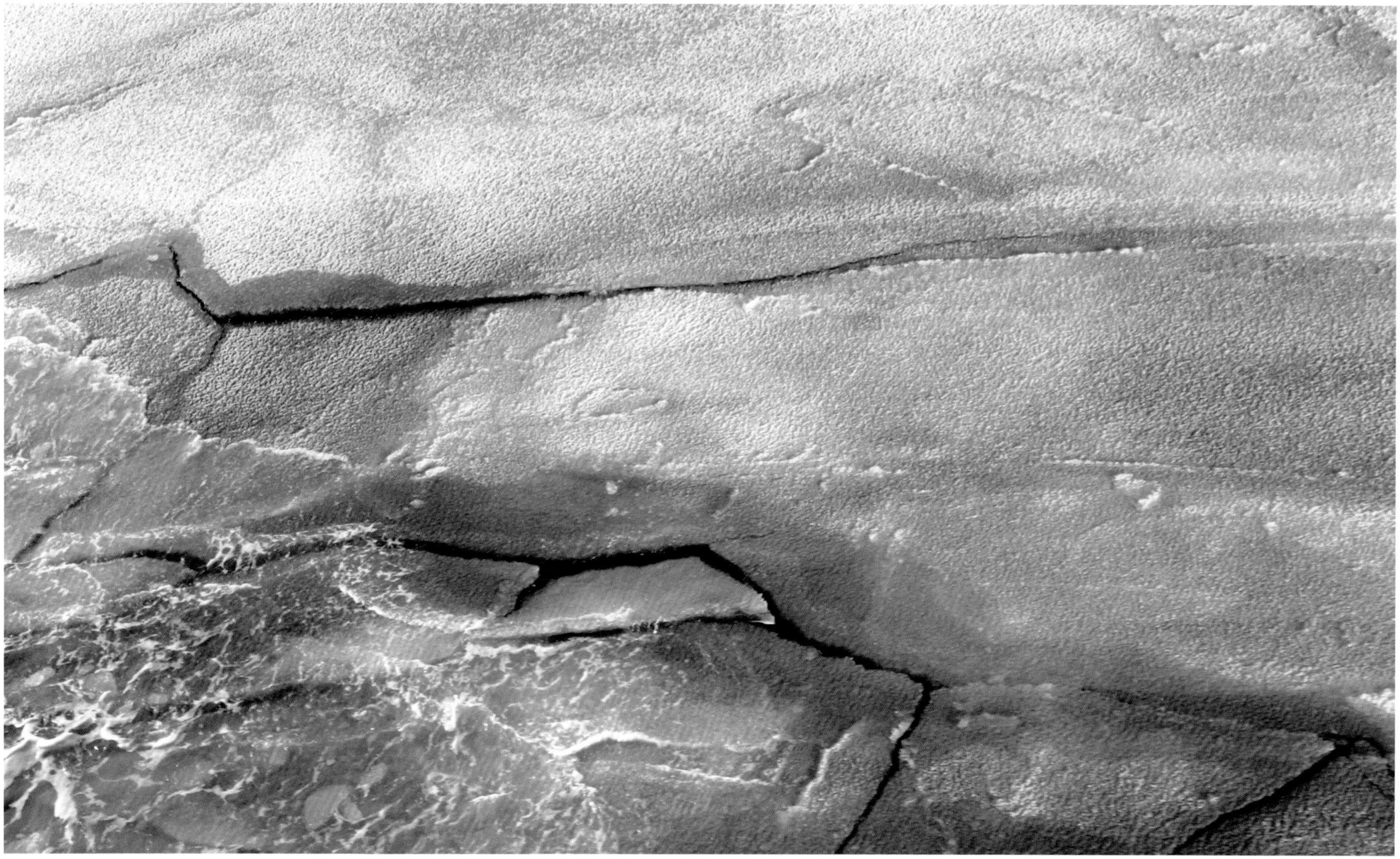

图2.35　初冰之灰白冰（3）

描　述：图2.35为灰白冰近景图，展示其受到船行波浪影响而破裂的过程，灰白冰由于弹性较差，受到船行波浪的影响而发生破碎成块状，图下方的海冰由于有海水拍打上去而使得颜色变深，而与上方的海冰存在较明显的颜色差异。

拍摄时间：2014年3月1日09:03UTC

拍摄地点：南极普里兹湾，经纬度：66.91°S，72.31°E

拍摄时天气状况：阴天有阵雪，能见度约5千米

拍摄位置："雪龙"号左舷

船首向：330

拍摄者：于海鹏

图2.36　初冰之灰白冰（4）

描　述：图2.36为灰白冰近景图，灰白冰由于弹性较差，受到波浪的影响而破碎成大块，破碎后的块状海冰边界层由于有海水浸润而使得颜色变深，而未受到海水浸润的上方由于有积雪覆盖而成灰白色，二者有较明显的颜色差异。

拍摄时间：2014年3月1日09:05UTC

拍摄地点：南极普里兹湾，经纬度：66.90°S，72.30°E

拍摄时天气状况：阴天有阵雪，能见度约5千米

拍摄位置："雪龙"号右舷

船首向：330

拍摄者：于海鹏

图2.37 初冰之灰白冰（5）

描　述：图2.37为灰白冰细节图，其受到船行波浪影响而破裂并进一步断裂成碎块，由上方的碎块侧面可见其厚度约20厘米，边缘部分由于有海水拍打上去而使得灰白冰颜色变深。

拍摄时间：2014年3月1日06:55UTC
拍摄地点：南极普里兹湾，经纬度：67.13°S，72.41°E
拍摄时天气状况：阴天有阵雪，能见度约5千米
拍摄位置："雪龙"号右舷
船首向：320
拍摄者：于海鹏

2.4 一年冰

2.4.1 碎浮冰

图2.38 一年冰之碎浮冰（1）

描 述：视野内海冰总密集度约一成，皆为一年碎浮冰，尺寸几十厘米，随涌浪上下起伏，即将进一步融化消失，视野远处有一座平顶冰山（图2.38）。

拍摄时间：2013年2月2日17:55UTC

拍摄地点：南极普里兹湾，经纬度：67.99°S，76.52°E

拍摄时天气状况：晴天无云，能见度约20千米

拍摄位置：“雪龙”号右舷

船首向：57

拍摄者：王 晶

图2.39　一年冰之碎浮冰（2）

描　述：视野内海冰总密集度两至三成，皆为一年碎浮冰，尺寸几十厘米，其受风浪影响发生聚集并随涌浪上下起伏（图2.39）。

拍摄时间：2013年2月26日11:58UTC
拍摄地点：南极普里兹湾，经纬度：68.35°S，73.49°E
拍摄时天气状况：多云，能见度约15千米
拍摄位置："雪龙"号左舷
船首向：21
拍摄者：王　晶

图2.40 一年冰之碎浮冰（3）

描　述：视野内海冰总密集度六至七成，以尺寸小于2米的一年碎浮冰为主，海冰厚度为10～20厘米，碎浮冰中夹杂两块较厚的块浮冰，视野远处有多座冰山并可见南极冰盖（图2.40）。

拍摄时间：2012年2月11日13:55UTC

拍摄地点：南极普里兹湾，中山站附近，经纬度：69.30°S，76.33°E

拍摄时天气状况：晴天无云，能见度约20千米

拍摄位置："雪龙"号左舷

船首向：129

拍摄者：孙虎林

图2.41　一年冰之碎浮冰（4）

描　述：视野内海冰总密集度约九成，尺寸小于2米的一年碎浮冰密集度约八成，个别尺寸较大的块浮冰密集度约一成，海冰厚度为几十厘米（图2.41）。

拍摄时间：2012年11月30日14:43UTC

拍摄地点：南极普里兹湾，经纬度：69.04°S，76.11°E

拍摄时天气状况：晴天无云，能见度大于20千米

拍摄位置："雪龙"号右舷

船首向：109

拍摄者：王　晶

2.4.2 块浮冰

图2.42 一年冰之块浮冰（1）

描　述：视野内海冰总密集度约一成，多数为一年块浮冰，厚度几十厘米，另有少量的碎浮冰，视野远处有一座平顶冰山（图2.42）。

拍摄时间：2014年11月30日10:18UTC

拍摄地点：南极普里兹湾，经纬度：69.11°S，76.24°E

拍摄时天气状况：晴天无云，能见度超过20千米

拍摄位置："雪龙"号左舷

船首向：75

拍摄者：张　弛

图2.43　一年冰之块浮冰（2）

描　述：视野内海冰总密集度约三成，以尺寸大于2米的一年块浮冰为主，厚度几十厘米至1米，另有少量的碎浮冰，视野远处有一座碎冰山（图2.43）。

拍摄时间：2012年1月26日11:55UTC
拍摄地点：南极威德尔海，经纬度：63.00°S，47.13°W
拍摄时天气状况：阴天，能见度约10千米
拍摄位置：“雪龙”号右舷
船首向：10
拍摄者：邓小花

图2.44 一年冰之块浮冰（3）

描　述：视野内海冰总密集度约四成，其中尺寸大于2米的一年块浮冰超过三成，其厚度几十厘米至1米，另有不足一成的尺寸较小的碎浮冰（图2.44）。

拍摄时间：2011年12月19日06:53UTC

拍摄地点：南极普里兹湾，经纬度：64.23°S，70.38°E

拍摄时天气状况：多云，能见度约20千米

拍摄位置：“雪龙”号右舷

船首向：278

拍摄者：邓小花

图2.45　一年冰之块浮冰（4）

描　述：视野内海冰总密集度约五成，其中尺寸大于2米的一年块浮冰约四成，其厚度几十厘米至1米，另有约一成的尺寸较小的碎浮冰（图2.45）。

拍摄时间：2008年12月24日06:10UTC
拍摄地点：南极普里兹湾，经纬度：64.55°S，83.37°E
拍摄时天气状况：晴天少云，能见度超过20千米
拍摄位置："雪龙"号左舷
船首向：92
拍摄者：张海影

图2.46　一年冰之块浮冰（5）

描　述：视野内海冰总密集度七至八成，其中尺寸大于2米的一年块浮冰约六成，其厚度几十厘米，另有一至两成的尺寸较小的碎浮冰，视野远处为南极冰盖（图2.46）。

拍摄时间：2014年12月29日16:38UTC

拍摄地点：南极罗斯海麦克莫多湾，经纬度：77.09°S，166.73°E

拍摄时天气状况：晴天少云，能见度约20千米

拍摄位置："雪龙"号右舷

船首向：235

拍摄者：张　弛

图2.47 一年冰之块浮冰（6）

描 述：视野内海冰总密集度八至九成，其中尺寸大于2米的一年块浮冰约七成，其厚度几十厘米至1米，另有约一成的尺寸较小的碎浮冰，视野远处有两座冰山（图2.47）。

拍摄时间：2011年12月26日17:56UTC

拍摄地点：南印度洋，经纬度：60.06°S，111.02°E

拍摄时天气状况：晴天少云，能见度超过20千米

拍摄位置：“雪龙”号左舷

船首向：269

拍摄者：孙虎林

图2.48 一年冰之块浮冰（7）

描 述：视野内海冰总密集度约九成，其中尺寸大于2米的一年块浮冰约八成，其厚度在1米左右，另有不到一成的尺寸较小的碎浮冰（图2.48）。

拍摄时间：2012年12月1日14:57UTC

拍摄地点：南极普里兹湾，经纬度：69.08°S，76.30°E

拍摄时天气状况：晴天无云，能见度大于20千米

拍摄位置：“雪龙”号右舷

船首向：106

拍摄者：闫 涵

2.4.3 小浮冰

图2.49 一年冰之小浮冰（1）

描　述：视野内海冰总密集度约五成，其中一年小浮冰密集度约三成，厚度几十厘米至1米，顶部较为平坦，另有约两成的块浮冰和碎浮冰（图2.49）。

拍摄时间：2012年12月28日18:00UTC

拍摄地点：南极罗斯海，经纬度：71.84°S，177.19°W

拍摄时天气状况：阴天，能见度约15千米

拍摄位置：“雪龙”号左舷

船首向：194

拍摄者：王　晶

图2.50 一年冰之小浮冰（2）

描 述：视野内海冰总密集度约七成，其中一年小浮冰密集度约五成，其厚度几十厘米至1米，冰面顶部较为平坦，另有约两成的块浮冰和碎浮冰（图2.50）。

拍摄时间：2012年9月1日11:45UTC
拍摄地点：北冰洋，经纬度：85.00°S，145.15°E
拍摄时天气状况：阴天，能见度约10千米
拍摄位置："雪龙"号右舷
船首向：109
拍摄者：李 敏

图2.51 一年冰之小浮冰（3）

描　述：视野内海冰总密集度七至八成，以一年小浮冰为主，厚度几十厘米至1米左右，冰面顶部有许多小冰脊（图2.51）。

拍摄时间：2014年11月29日10:18UTC

拍摄地点：南极普里兹湾，经纬度：65.51°S，74.75°W

拍摄时天气状况：多云，能见度约20千米

拍摄位置：“雪龙”号右舷

船首向：180

拍摄者：黄焕卿

图2.52　一年冰之小浮冰（4）

描　述：视野内海冰总密集度约九成，以一年小浮冰为主，厚度几十厘米至1米，冰面较为平坦，视野远处有三座冰山（图2.52）。

拍摄时间：2011年12月27日1:58UTC

拍摄地点：南印度洋，经纬度：60.14°S，13.91°W

拍摄时天气状况：多云，能见度超过20千米

拍摄位置："雪龙"号右舷

船首向：254

拍摄者：李东方

图2.53　一年冰之小浮冰（5）

描　述：视野内海冰总密集度约九成，以一年小浮冰为主，厚度约1米，冰面顶部有小的冰脊，另有少量的块浮冰和碎浮冰，视野远处有一座冰山（图2.53）。

拍摄时间：2014年11月29日11:47UTC

拍摄地点：南极普里兹湾，经纬度：65.52°S，74.76°E

拍摄时天气状况：晴天少云，能见度约20千米

拍摄位置："雪龙"号右舷

船首向：180

拍摄者：张　弛

图2.54 一年冰之小浮冰（6）

描　述：视野内海冰总密集度接近十成，以一年小浮冰为主，厚度几十厘米至1米，冰面顶部较为平坦，另有大量的一年块浮冰，视野远处有两座碎冰山（图2.54）。

拍摄时间：2012年12月1日09:05UTC
拍摄地点：南极普里兹湾，中山站附近，经纬度：69.06°S，76.05°E
拍摄时天气状况：晴天无云，能见度超过20千米
拍摄位置："雪龙"号左舷
船首向：230
拍摄者：王　晶

2.4.4 中浮冰

图2.55 一年冰之中浮冰（1）

描　述：视野内海冰总密集度达十成，以狭长的一年中浮冰为主，厚度1米左右，冰面较为平坦，其由于外面大涌浪传入而使得冰面刚发生破裂，裂缝基本平行；视野远处有多座冰山或碎冰山（图2.55）。

拍摄时间：2012年2月28日4:17UTC
拍摄地点：南极普里兹湾，经纬度：69.47°S，74.42°E
拍摄时天气状况：晴天无云，能见度超过20千米
拍摄位置：“雪龙”号右舷
船首向：274
拍摄者：孙虎林

图2.56　一年冰之中浮冰（2）

描　述：视野内海冰总密集度七至八成，中间尺寸较大的为一年中浮冰，厚度几十厘米，上面有一些小的冰脊和多个融池，中浮冰周围及远处还存在一些碎浮冰（图2.56）。

拍摄时间：2012年7月26日12:10UTC

拍摄地点：北冰洋，经纬度：73.67°N，161.38°E

拍摄时天气状况：阴有雾，能见度约1千米

拍摄位置："雪龙"号左舷

船首向：313

拍摄者：李　敏

图2.57　一年冰之中浮冰（3）

描　述：视野内海冰总密集度七至八成，以一年中浮冰为主，其厚度约1米，顶部有许多小冰脊，红色部分为“雪龙”号船身一部分（图2.57）。

拍摄时间：2013年12月2日06:05UTC
拍摄地点：南极普里兹湾，经纬度：67.43°S，75.95°E
拍摄时天气状况：多云，能见度超过20千米
拍摄位置：“雪龙”号左舷
船首向：131
拍摄者：于海鹏

图2.58　一年冰之中浮冰（4）

描　述：视野内海冰总密集度八至九成，以一年中浮冰为主，厚度几十厘米至1米左右，冰面顶部有许多小的冰脊，另有少量块浮冰和碎浮冰（图2.58）。

拍摄时间：2014年11月29日07:16UTC

拍摄地点：南极普里兹湾，经纬度：65.30°S，74.73°E（附近）

拍摄时天气状况：阴天，能见度约15千米

拍摄位置："雪龙"号左舷

船首向：170

拍摄者：张　弛

图2.59　一年冰之中浮冰（5）

描　述：视野内海冰总密集度七至八成，以一年中浮冰为主，厚度几十厘米至1米左右，冰面顶部较为平坦，另有少量碎浮冰（图2.59）。

拍摄时间：2014年11月29日07:26UTC

拍摄地点：南极普里兹湾，经纬度：65.32°S，74.74°E（附近）

拍摄时天气状况：阴天，能见度约15千米

拍摄位置："雪龙"号右舷

船首向：155

拍摄者：张　弛

2.4.5 大浮冰

图2.60 一年冰之大浮冰（1）

描 述：视野内海冰总密集度约九成，浮冰尺寸超过500米，以一年大浮冰为主，厚度在几十厘米左右，冰面顶部较为平坦，边缘厚度相对较厚而颜色发白，内部相对较薄而颜色较暗（图2.60）。

拍摄时间：2008年11月16日13:36UTC

拍摄地点：南印度洋，经纬度：66.05°S，76.08°E

拍摄时天气状况：多云，能见度约15千米

拍摄位置："雪龙"号左舷

船首向：143

拍摄者：张海影

图2.61 一年冰之大浮冰（2）

描 述：视野内海冰总密集度九至十成，浮冰尺寸1千米至2千米级，以一年大浮冰为主，厚度在几十厘米至1米，冰面顶部有大量的小冰丘（图2.61）。

拍摄时间：2011年12月28日18:33UTC
拍摄地点：南极威德尔海，经纬度：61.71°S，29.10°W
拍摄时天气状况：多云，能见度约20千米
拍摄位置："雪龙"号左舷
船首向：280
拍摄者：邓小花

图2.62　一年冰之大浮冰（3）

描　述：视野内海冰总密集度约八成，浮冰尺寸1千米至2千米级，以一年大浮冰为主，厚度在1米左右，冰面顶部较为平坦，有少量的小冰脊（图2.62）。

拍摄时间：2012年12月28日12:21UTC

拍摄地点：南极罗斯海，经纬度：71.21°S，178.51°W

拍摄时天气状况：阴天，能见度约15千米

拍摄位置："雪龙"号右舷

船首向：126

拍摄者：闫　涵

图2.63 一年冰之大浮冰（4）

描　述：视野内海冰总密集度达十成，浮冰尺寸超过2千米，达到庞大浮冰尺寸，厚度在1米左右，冰面顶部较为平坦，无明显的冰丘冰脊，但存在少量的融池（图2.63）。

拍摄时间：2012年9月3日11:43UTC

拍摄地点：北冰洋，经纬度：82.40°N，177.37°E

拍摄时天气状况：轻雾，能见度约5千米

拍摄位置：“雪龙”号左舷

船首向：183

拍摄者：李　敏

图2.64 一年冰之大浮冰（5）

描 述：视野内海冰总密集度达十成，浮冰尺寸在10千米左右，达到庞大浮冰或巨大浮冰尺寸，厚度在1米左右，冰面顶部有一条冰脊，无明显的冰丘，此外还存在少量的融池（图2.64）。

拍摄时间：2014年8月18日23:23UTC

拍摄地点：北冰洋，经纬度：80.90°N，157.50°E

拍摄时天气状况：多云，能见度约15千米

拍摄位置："雪龙"号右舷

船首向：27

拍摄者：李志强

图2.65　一年冰之大浮冰（6）

描　述：视野内海冰总密集度接近十成，浮冰尺寸在10千米左右，达到庞大浮冰或巨大浮冰尺寸，厚度在1米左右，冰面顶部较为平坦，无明显的冰丘和冰脊，但还存在少量的融池（图2.65）。

拍摄时间：2014年8月16日00:25UTC
拍摄地点：北冰洋，经纬度：79.90°N，158.70°E
拍摄时天气状况：晴天无云，能见度约20千米
拍摄位置：“雪龙”号右舷
船首向：340
拍摄者：陈志昆

2.5 融化阶段

2.5.1 融 池

图2.66 融化冰之融池（1）

描 述：视野内海冰以一年小浮冰和块浮冰为主，冰厚几十厘米至1米，小浮冰上有几个融池，尺寸1～3米，其来自顶部积雪和部分冰融化后融水的聚集，融池呈淡蓝色（图2.66）。

拍摄时间：2012年7月24日11:44UTC
拍摄地点：北冰洋，东西伯利亚海，经纬度：70.40°N，171.80°E
拍摄时天气状况：多云有阳光，能见度超过20千米
拍摄位置：“雪龙”号左舷
船首向：273
拍摄者：李 敏

图2.67　融化冰之融池（2）

描　述：图2.67为大浮冰上融池的细节展示图，视野正中的融池呈狭长状，其长度约10米，呈淡蓝色，来自顶部积雪和部分冰融化后融水的聚集，融池内可看到水底的冰，融池左侧海冰上有一条小的冰脊，左上角和右上方另有两个较小的融池。

拍摄时间：2010年8月3日21:30UTC
拍摄地点：北冰洋，经纬度：82.52°N，165.57°W
拍摄时天气状况：不详
拍摄位置：“雪龙”号右舷
船首向：89
拍摄者：任北期

2.5.2 融冰孔洞

图2.68 融化冰之融冰孔洞（1）

描 述：图2.68展示的是小浮冰上的融冰孔洞，冰面上有三个不同大小的融池，其中较大的融池其底部已与下面海水相通，形成融冰孔洞，使得融池内水的颜色与另外两个较小的融池有所不同，而与浮冰周围海水颜色相近。

拍摄时间：2010年8月23日11:51UTC

拍摄地点：北冰洋，经纬度：83.38°N，170.95°W

拍摄时天气状况：晴天少云，能见度超过20千米

拍摄位置："雪龙"号右舷

船首向：125

拍摄者：黄勇勇

图2.69 融化冰之融冰孔洞（2）

描 述：图2.69为融冰孔洞细节展示图，融池底部的海冰进一步融化，使得其与底部海水相通，从而形成一个垂直的孔洞，其周围侧面的海冰使得其呈现为淡蓝色。

拍摄时间：2010年8月26日23:56UTC

拍摄地点：北冰洋，经纬度：76.52°N，171.88°W

拍摄时天气状况：浓雾，能见度不足1千米

拍摄位置："雪龙"号右舷

船首向：205

拍摄者：任北期

2.5.3 无覆水冰

图2.70 融化冰之无覆水冰（1）

描　述：视野内为正在融化的一年大浮冰所形成白色的无覆水冰，海冰表面融化形成的融池面积逐渐扩大并和周边海水连通，使得水面以上的海冰分散形成边缘圆滑的块状，其顶部无融水所覆盖，水面以下部分有些可能还连在一起（图2.70）。

拍摄时间：2010年7月30日06:35UTC

拍摄地点：北冰洋，经纬度：76.66°N，158.85°W

拍摄时天气状况：阴天，能见度约15千米

拍摄位置："雪龙"号前部

船首向：345

拍摄者：任北期

图2.71 融化冰之无覆水冰（2）

描　述：视野近处为正在融化的一年浮冰所形成白色的无覆水冰，其表面的融池已经和周边海水相连通，使得水面以上的海冰分散形成边缘圆滑的块状，其顶部无融水所覆盖，视野远处为一年小浮冰，其顶部有少量的冰脊（图2.71）。

拍摄时间：2012年7月23日23:49UTC

拍摄地点：北冰洋，东西伯利亚海，经纬度：70.10°N，175.57°E

拍摄时天气状况：多云，能见度超过20千米

拍摄位置："雪龙"号右舷

船首向：283

拍摄者：李　敏

图2.72 融化冰之无覆水冰（3）

描 述：图2.72为无覆水冰的近景展示图，其表面的融池已经和周边海水相连通，使得水面以上的海冰分散形成边缘圆滑的白色块状，顶部无融水所覆盖，其周围有少量受夜间降温而冻结生成的脂状冰。

拍摄时间：2012年7月23日23:47UTC

拍摄地点：北冰洋，东西伯利亚海，经纬度：70.10°N，175.58°E

拍摄时天气状况：多云，能见度超过20千米

拍摄位置："雪龙"号右舷

船首向：283

拍摄者：李 敏

2.5.4 覆水冰

图2.73 融化冰之覆水冰（1）

描 述：视野内海冰密集度约七成，以正在融化的一年块浮冰为主，其厚度已仅剩20～30厘米，冰面顶部已覆盖有较多的融水，形成覆水冰，其颜色呈灰色或黑色，与白色的无覆水冰差别较大（图2.73）。

拍摄时间：2010年8月24日00:04UTC
拍摄地点：北冰洋，经纬度：81.95°N，169.03°W
拍摄时天气状况：晴天少云，能见度超过20千米
拍摄位置："雪龙"号右舷
船首向：178
拍摄者：黄勇勇

图2.74 融化冰之覆水冰（2）

描　述：视野内海冰密集度约七成，以正在融化的一年块浮冰为主，其厚度已仅剩20～30厘米，冰面顶部已覆盖有较多的融水使得颜色呈灰色，形成覆水冰，视野远处的白色较厚海冰为两年块浮冰（图2.74）。

拍摄时间：2014年8月31日12:01UTC
拍摄地点：北冰洋，经纬度：75.94°N，139.04°W
拍摄时天气状况：少云，能见度约15千米
拍摄位置：“雪龙”号左舷
船首向：189
拍摄者：陈志昆

图2.75　融化冰之覆水冰（3）

描　述：图2.75为覆水冰近景展示图，正在融化的浮冰上被新的冰雪融水所覆盖，冰雪内灰尘等杂质的释放使得海冰颜色变为灰色，视野右下角的碎浮冰已融化成蜂窝状的朽冰。

拍摄时间：2012年7月24日05:55UTC

拍摄地点：北冰洋，东西伯利亚海，经纬度：70.32°N，173.68°E

拍摄时天气状况：多云，能见度超过20千米

拍摄位置："雪龙"号右舷

船首向：275

拍摄者：孟　上

2.5.5 朽 冰

图2.76 融化冰之朽冰（1）

描 述：视野内左侧海冰已融化成蜂窝状的朽冰，其顶部呈密密麻麻的针状，其处于海冰融化解体的末期，其周围的几块碎浮冰融化相对不明显（图2.76）。

拍摄时间：2008年8月20日10:00UTC

拍摄地点：北冰洋，经纬度：84.63°N，145.32°W

拍摄时天气状况：不详

拍摄位置：“雪龙”号左舷

拍摄者：魏立新

图2.77　融化冰之朽冰（2）

描　述：视野正中的海冰已融化成蜂窝状的朽冰，顶部呈密密麻麻的针状，其处于海冰融化解体的末期，其水下部分融化相对较慢（图2.77）。

拍摄时间：2012年7月24日06:01UTC

拍摄地点：北冰洋，东西伯利亚海，经纬度：70.32°N，173.64°E

拍摄时天气状况：多云，能见度超过20千米

拍摄位置："雪龙"号右舷

船首向：275

拍摄者：孟　上

图2.78　融化冰之朽冰（3）

描　述：图2.78为朽冰的细节展示图，其以融化成蜂窝状，顶部呈密密麻麻的针状并有融水所覆盖，其处于海冰融化解体的最后阶段。

拍摄时间：2012年7月24日06:01UTC

拍摄地点：北冰洋，东西伯利亚海，经纬度：70.32°N，173.64°E

拍摄时天气状况：多云，能见度超过20千米

拍摄位置："雪龙"号右舷

船首向：275

拍摄者：孟　上

2.6 陈 冰

2.6.1 两年冰

图2.79 陈冰之两年冰（1）

描 述：视野内海冰总密集度七至八成，白色较厚海冰为两年块浮冰或碎浮冰，其经历一个夏季消融季节后仍存在并进入第二个生长季节，其密集度约四成，顶部有少量的冰脊；厚度较薄颜色较暗的是新生的荷叶冰，其密集度三至四成（图2.79）。

拍摄时间：2015年3月7日03:25UTC

拍摄地点：南极普里兹湾，经纬度：75.29°E，65.51°S

拍摄时天气状况：少云，能见度超过20千米

拍摄位置：“雪龙”号左舷

船首向：76

拍摄者：张 弛

图2.80 陈冰之两年冰（2）

描　述：视野内海冰总密集度约九成，白色较厚海冰为两年块浮冰或碎浮冰，其经历一个夏季消融季节后仍存在并进入第二个生长季节，其密集度约七成，顶部有少量的冰脊；厚度较薄颜色较暗的是新生的灰白冰，其密集度约两成（图2.80）。

拍摄时间：2013年3月10日06:02UTC

拍摄地点：南极，玛丽皇后海岸附近，经纬度：64.88°S，93.41°E

拍摄时天气状况：阴有小雪，能见度约2千米

拍摄位置："雪龙"号右舷

船首向：50

拍摄者：闫　涵

图2.81 陈冰之两年冰（3）

描　述：视野内海冰总密集度约三成，视野近处的两块浮冰为两年块浮冰，其已进入第二个消融季节，厚度约两米，从其侧面可以看到较为明显的分层，视野远处的几块海冰为一年块浮冰或碎浮冰，厚度比两年冰薄，远处另有一座冰山（图2.81）。

拍摄时间：2015年2月4日11:11UTC
拍摄地点：南极普里兹湾湾口，经纬度：65.86°S，72.12°E
拍摄时天气状况：阴天，能见度约10千米
拍摄位置："雪龙"号左舷
船首向：273
拍摄者：张　弛

图2.82　陈冰之两年冰（4）

描　述：图2.82为两年冰侧面细节展示图，冰厚接近2米，从其侧面可以看到其中有明显的分层界限，上下分别对应两个海冰生长季节生成的海冰。

拍摄时间：2012年7月23日23:43UTC

拍摄地点：北冰洋，东西伯利亚海，经纬度：70.10°N，175.59°E

拍摄时天气状况：晴天少云，能见度超过20千米

拍摄位置：“雪龙”号左舷

船首向：283

拍摄者：李　敏

图2.83　陈冰之两年冰（5）

描　述：图2.83为两年冰侧面细节展示图，冰厚接近2米，“雪龙”号航行破冰使得其与周围海冰断裂开，从其侧面可以看到其中有一层白色的分层界限，上下分别对应两个海冰生长季节生成的海冰。

拍摄时间：2012年9月3日11:47UTC
拍摄地点：北冰洋，东西伯利亚海，经纬度：82.42°N，177.25°E
拍摄时天气状况：轻雾，能见度约2千米
拍摄位置：“雪龙”号左舷
船首向：183
拍摄者：孟　上

2.6.2 多年冰

图2.84 陈冰之多年冰（1）

描　述：视野内海冰总密集度七至八成，视野正中较厚的灰色浮冰为多年冰，其厚度2～3米，白色较薄海冰为正在融化的一年冰，厚度几十厘米至1米，有些一年冰顶部有小的冰脊（图2.84）。

拍摄时间：2012年7月24日07:16UTC

拍摄地点：北冰洋，东西伯利亚海，经纬度：70.35°N，173.21°E

拍摄时天气状况：多云，能见度约20千米

拍摄位置：“雪龙”号右舷

船首向：276

拍摄者：李　敏

图2.85 陈冰之多年冰（2）

描　述：图2.85为多年冰近景展示图，灰色较厚海冰为多年冰，其厚度2～3米，其在融化—冻结循环和漂移过程中冰内杂质或灰尘越来越多，使得其颜色变灰；周围白色较薄海冰为一年冰，其顶部有分散的融池。

拍摄时间：2012年7月24日07:18UTC
拍摄地点：北冰洋，东西伯利亚海，经纬度：70.35°N，173.20°E
拍摄时天气状况：多云，能见度约20千米
拍摄位置："雪龙"号右舷
船首向：276
拍摄者：李　敏

图2.86 陈冰之多年冰（3）

描　述：图2.86为多年冰侧面细节展示图，“雪龙”号航行破冰使得海冰破碎并发生侧翻，视野正中较大块海冰为多年冰，其厚度2～3米，从其侧面可以看出其中有较明显的分层，说明其经历多次融化—冻结过程，视野远处的白色海冰为一年冰。

拍摄时间：2012年7月24日07:19UTC

拍摄地点：北冰洋，东西伯利亚海，经纬度：70.35°N，173.20°E

拍摄时天气状况：多云，能见度约20千米

拍摄位置：“雪龙”号右舷

船首向：276

拍摄者：李　敏

图2.87　陈冰之多年冰（4）

描　述：图2.87为多年冰近景展示图，其厚度约2米，从其侧面可以看出其中有较明显的分层，说明其经历了多次冻结—融化过程，其周围存在一些零散的一年碎浮冰。

拍摄时间：2015年1月4日18:06UTC

拍摄地点：南极威德尔海，经纬度不详

拍摄时天气状况：不详

拍摄位置：南非“S. A. Agulhas Ⅱ”考察船

拍摄者：Katriina Veijola

图2.88 陈冰之多年冰（5）

描　述：视野内颜色较深的蓝绿色海冰为多年冰，其可能是冰山破碎产生的碎块在海面上漂浮较长时间的结果，海水里的浮游微生物使得其边缘多处颜色变黑或变褐，其周围白色较薄海冰为一年碎浮冰或块浮冰（图2.88）。

拍摄时间：2012年1月27日09:26UTC

拍摄地点：南极威德尔海，经纬度：61.99°S，47.20°W

拍摄时天气状况：阴天，能见度约10千米

拍摄位置："雪龙"号右舷

船首向：71

拍摄者：邓小花

第3章 冰山

3.1 冰　山

3.1.1　平顶冰山

图3.1　平顶冰山（1）

描　述：视野远处的冰山为平顶冰山，其顶部非常平整，侧壁非常陡立，视野近处为一年块浮冰和碎浮冰（图3.1）。

拍摄时间：2006年2月24日14:49UTC
拍摄地点：南极普里兹湾，经纬度：68.57°S，77.88°E
拍摄时天气状况：多云，能见度约20千米
拍摄位置："雪龙"号右舷
船首向：45
拍摄者：宋晓姜

图3.2 平顶冰山（2）

描　述：冰山顶部非常平整，但有较小的坡度，右侧高度低于左侧，侧壁非常陡立，冰山周围存在一些一年块浮冰和碎浮冰（图3.2）。

拍摄时间：2009年1月15日04:41UTC

拍摄地点：南印度洋，澳大利亚凯西站附近，经纬度：65.69°S，109.18°E

拍摄时天气状况：阴天，能见度约10千米

拍摄位置："雪龙"号左舷

船首向：134

拍摄者：张海影

图3.3　平顶冰山（3）

描　述：冰山顶部非常平整，侧壁陡立，冰山周围存在一些一年块浮冰和碎浮冰（图3.3）。

拍摄时间：2011年11月28日10:37UTC
拍摄地点：南极普里兹湾，经纬度：66.96°S，76.81°E
拍摄时天气状况：少云，能见度超过20千米
拍摄位置："雪龙"号右舷
船首向：145
拍摄者：邓小花

图3.4　平顶冰山（4）

描　述：冰山顶部非常平整，侧壁陡立，冰山下部受风浪的影响而使得侧面出现多个空洞，视野远处存在一些浮冰（图3.4）。

拍摄时间：2013年11月28日4:39UTC
拍摄地点：南印度洋，经纬度：61.91°S，93.21°E
拍摄时天气状况：阴天，能见度约10千米
拍摄位置：“雪龙”号左舷
船首向：255
拍摄者：于海鹏

3.1.2 尖顶冰山

图3.5 尖顶冰山（1）

描 述：冰山有一个尖顶，顶部有小的起伏，侧壁棱角分明，周围为中山站附近的陆缘冰，远处为南极冰盖（图3.5）。

拍摄时间：2011年11月29日06:10UTC

拍摄地点：南极普里兹湾，中山站附近，经纬度：69.28°S，76.35°E

拍摄时天气状况：晴天无云，能见度超过20千米

拍摄位置：“雪龙”号左舷

船首向：215

拍摄者：孙虎林

图3.6 尖顶冰山（2）

描　述：冰山顶部不平整，有一高一低两个尖顶，右侧的侧壁非常陡立，左侧的侧壁较为平缓，远处为南极大陆（图3.6）。

拍摄时间：2012年2月11日08:58UTC

拍摄地点：南极普里兹湾，中山站附近

拍摄时天气状况：晴天无云，能见度超过20千米

拍摄位置：“雪龙”号黄河艇

拍摄者：李东方

图3.7　尖顶冰山（3）

描　述：冰山上两个尖顶，顶部有小的起伏，侧壁棱角分明，周围存在一些新生的荷叶冰，还有少量的两年碎浮冰（图3.7）。

拍摄时间：2013年3月7日00:05UTC

拍摄地点：南极普里兹湾，经纬度：68.57°S，74.92°E

拍摄时天气状况：阴天，能见度约15千米

拍摄位置："雪龙"号右舷

船首向：155

拍摄者：闫　涵

图3.8 尖顶冰山（4）

描 述：冰山有多个尖顶，侧壁较为平缓，冰山周围存在一些碎浮冰，远处为南极大陆和冰盖（图3.8）。

拍摄时间：2015年2月14日14:10UTC

拍摄地点：南极普里兹湾，中山站附近，经纬度：69.35°S，76.42°E

拍摄时天气状况：阴天，能见度约10千米

拍摄位置："雪龙"号左舷

船首向：272

拍摄者：张 弛

3.1.3 坡状冰山

图3.9 坡状冰山（1）

描 述：冰山朝向镜头一侧坡度较缓，而左侧坡度较为陡立，视野近处可见少量碎浮冰，远处另有几座冰山（图3.9）。

拍摄时间：2012年2月11日12:15UTC

拍摄地点：南极普里兹湾，中山站附近，经纬度：69.28°S，76.27°E

拍摄时天气状况：晴天无云，能见度超过20千米

拍摄位置：“雪龙”号右舷

船首向：306

拍摄者：孙虎林

图3.10 坡状冰山（2）

描　述：冰山右侧坡度较缓，与水面接触部分呈一圆弧形，而朝向镜头一侧坡度陡立，视野远处为南极大陆（图3.10）。

拍摄时间：2012年2月15日11:29UTC

拍摄地点：南极普里兹湾，中山站附近，经纬度：69.35°S，76.44°E

拍摄时天气状况：阴天，能见度约10千米

拍摄位置："雪龙"号船头

船首向：177

拍摄者：孙虎林

图3.11　坡状冰山（3）

描　述：冰山顶部从左至右逐渐下降，坡度较为平缓，朝向镜头一侧侧壁陡立，冰山周围存在一些碎浮冰和块浮冰，远处另有几座冰山（图3.11）。

拍摄时间：2014年12月12日07:39UTC

拍摄地点：南极普里兹湾，经纬度：68.57°S，77.84°E

拍摄时天气状况：多云，能见度约20千米

拍摄位置："雪龙"号右舷

船首向：270

拍摄者：张　弛

3.1.4 圆顶冰山

图3.12 圆顶冰山（1）

描 述：冰山为圆弧顶，其边缘也呈弧形坡度下降，坡度较缓，朝向镜头一侧侧壁较为陡立，冰山周围为新裂开的小浮冰和块浮冰（图3.12）。

拍摄时间：2012年2月28日11:20UTC

拍摄地点：南极普里兹湾，经纬度：69.43°S，74.50°E

拍摄时天气状况：晴天无云，能见度超过20千米

拍摄位置：“雪龙”号右舷

船首向：39

拍摄者：孙虎林

图3.13　圆顶冰山（2）

描　述：冰山顶部呈明显的圆弧形，侧壁的坡度较为陡立，视野远处另有一些浮冰（图3.13）。

拍摄时间：2015年2月27日14:43UTC

拍摄地点：南极普里兹湾，经纬度：67.24°S，72.19°E

拍摄时天气状况：阴天有阵雪，能见度约5千米

拍摄位置：“雪龙”号右舷

船首向：90

拍摄者：张　弛

3.1.5 冰块冰山

图3.14 冰块冰山（1）

描　述：冰山顶部较为平整，侧壁坡度非常陡峭，其长度与高出海面高度的比例明显比平顶冰山小，视野远处还有另外的碎冰山或浮冰（图3.14）。

拍摄时间：2008年12月26日14:04UTC

拍摄地点：南印度洋，经纬度：61.60°S，102.80°E

拍摄时天气状况：阴有阵雪，能见度约5千米

拍摄位置："雪龙"号左舷

船首向：60

拍摄者：张海影

图3.15　冰块冰山（2）

描　述：冰山顶部较为平整，侧壁坡度陡峭，其长度与高度的比例明显比平顶冰山小，视野远处另有一座冰山（图3.15）。

拍摄时间：2013年11月28日12:03UTC
拍摄地点：南印度洋，经纬度：62.68°S，89.82°E
拍摄时天气状况：多云，能见度约15千米
拍摄位置："雪龙"号左舷
船首向：269
拍摄者：于海鹏

3.1.6 坞状冰山

图3.16 坞状冰山（1）

描 述：冰山中间塌陷而四周较高，露出水面部分断开，而底部仍连接在一起，与船坞形状类似（图3.16）。

拍摄时间：2005年12月26日04:51UTC

拍摄地点：南印度洋，经纬度：55.52°S，83.52°E

拍摄时天气状况：阴有阵雪，能见度约5千米

拍摄位置："雪龙"号左舷

船首向：20

拍摄者：宋晓姜

图3.17　坞状冰山（2）

描　述：冰山露出水面部分断开成三部分，左右两部分呈尖顶，侧壁陡立，中间部分呈圆顶，坡度圆滑，其底部仍连接在一起，冰山周围为一年碎浮冰（图3.17）。

拍摄时间：2008年12月26日07:26UTC
拍摄地点：南印度洋，经纬度：61.98°S，101.64°E
拍摄时天气状况：阴天有轻雾，能见度约5千米
拍摄位置："雪龙"号右舷
船首向：320
拍摄者：张海影

图3.18 坞状冰山（3）

描　述：冰山中间凹陷，而边缘较高，顶部不平整，左侧侧壁陡立，右侧相对平缓（图3.18）。

拍摄时间：2008年12月26日14:57UTC

拍摄地点：南印度洋，经纬度：63.30°S，77.53°E

拍摄时天气状况：阴天，能见度约10千米

拍摄位置：“雪龙”号右舷

船首向：220

拍摄者：黄勇勇

3.1.7 风化冰山

图3.19 风化冰山（1）

描 述：冰山位于中山站附近，此处水深较浅使得冰山坐底而长期停留在此处，由于风浪、潮汐、融化等因素使得冰山顶部和侧壁风化严重，顶部呈现千沟万壑，侧壁出现很多空洞（图3.19）。

拍摄时间：2008年3月9日11:59UTC

拍摄地点：南极普里兹湾，中山站附近，经纬度：69.32°S，76.57°E

拍摄时天气状况：少云，能见度超过20千米

拍摄位置：直升机

拍摄者：任北期

图3.20 风化冰山（2）

描 述：冰山位于中山站附近，此处水深较浅使得冰山坐底而长期停留在此处，由于风浪、潮汐、融化等因素使得冰山顶部和侧壁风化严重，顶部呈现千沟万壑，侧壁出现很多空洞，周围有大量一年碎浮冰或碎冰山（图3.20）。

拍摄时间：2012年2月20日13:11UTC

拍摄地点：南极普里兹湾，中山站附近，经纬度：69.36°S，76.43°E

拍摄时天气状况：多云，能见度约20千米

拍摄位置："雪龙"号左舷

船首向：94

拍摄者：孙虎林

图3.21　风化冰山（3）

描　述：此图为风化冰山近景图。此冰山已坐底而长期停留在此处，由于风浪、潮汐、融化等因素使得冰山顶部和侧壁风化严重，顶部呈现千沟万壑，侧壁出现很多空洞并不断破碎掉入海中（图3.21）。

拍摄时间：2012年2月24日09:38UTC
拍摄地点：南极普里兹湾，中山站附近，经纬度：69.36°S，76.44°E
拍摄时天气状况：晴天无云，能见度约25千米
拍摄位置："雪龙"号左舷
船首向：296
拍摄者：孙虎林

3.1.8 冰坝

图3.22 冰坝（1）

描　述：船载雷达测量此冰坝长约7海里（约13千米），顶部非常平整，侧壁非常陡峭（图3.22）。

拍摄时间：2004年12月22日15:01UTC

拍摄地点：南大西洋，经纬度：60.4°S，47.8°W

拍摄时天气状况：阴天，能见度约10千米

拍摄位置：“雪龙”号右舷

船首向：220

拍摄者：任北期

图3.23　冰坝（2）

描　述：此冰坝长约3海里（5~6千米），顶部非常平整，侧壁非常陡峭，冰坝周围为一年碎浮冰和块浮冰（图3.23）。

拍摄时间：2011年12月27日19:40UTC

拍摄地点：南大西洋，经纬度：60.85°S，20.34°W

拍摄时天气状况：阴天，能见度约10千米

拍摄位置："雪龙"号右舷

船首向：241

拍摄者：孙虎林

3.2 碎冰山

图3.24 碎冰山（1）

描　述：图3.24中凸起的白色冰为碎冰山，露出海面的高度2～3米，面积小于20平方米，碎冰山周围为一年块浮冰或碎浮冰，厚度小于1米。

拍摄时间：2007年12月23日10:13UTC
拍摄地点：南极普里兹湾，经纬度：69.13°S，76.43°E
拍摄时天气状况：阴天，能见度超过10千米
拍摄位置："雪龙"号左舷
船首向：355
拍摄者：任北期

图3.25 碎冰山（2）

描　述：图3.25中间部分为碎冰山，冰山头部露出海面高度约5米，尾部露出海面高度1～2米，尾部在风浪的摩擦下变得较为光滑，碎冰山周边存在一年碎浮冰。

拍摄时间：2008年11月15日02:25UTC
拍摄地点：南印度洋，经纬度：61.47°S，82.08°E
拍摄时天气状况：阴天有轻雾，能见度约8千米
拍摄位置："雪龙"号左舷
船首向：190
拍摄者：张海影

图3.26 碎冰山（1）

描　述：图3.26中间部分为碎冰山，露出海面高度约1～2米，水面以上部分在风浪作用下已断开，水面以下部分仍连在一起，视野远处存在零星一年碎浮冰。

拍摄时间：2008年12月26日11:56UTC

拍摄地点：南印度洋，经纬度：61.86°S，101.85°E

拍摄时天气状况：阴天有轻雾，能见度约5千米

拍摄位置："雪龙"号右舷

船首向：62

拍摄者：张海影

图3.27　碎冰山（2）

描　述：视野正中为碎冰山，露出海面高度约5米，长度约20米，受风浪影响其外表较为平滑，其左上角远处还有一处碎冰山，此外远处还有零星的碎浮冰（图3.27）。

拍摄时间：2008年12月26日12:25UTC
拍摄地点：南印度洋，经纬度：61.81°S，102.04°E
拍摄时天气状况：阴天有轻雾，能见度约5千米
拍摄位置："雪龙"号右舷
船首向：60
拍摄者：黄勇勇

图3.28 碎冰山（3）

描　述：视野正中为碎冰山，露出海面高度2～3米，长度约10米，两侧较为陡立，视野远处还有几座冰山（图3.28）。

拍摄时间：2008年12月26日14:59UTC

拍摄地点：南印度洋，经纬度：61.48°S，103.21°E

拍摄时天气状况：阴天有轻雾，能见度约5千米

拍摄位置："雪龙"号左舷

船首向：59

拍摄者：黄勇勇

图3.29　碎冰山（4）

描　述：图正中为碎冰山，露出海面高度3～5米，水面以上部分在风浪作用下已断开成三块，水面以下部分仍连在一起，碎冰山周围为一年碎浮冰（图3.29）。

拍摄时间：2011年12月19日12:51UTC

拍摄地点：南印度洋，经纬度：63.54°S，68.05°E

拍摄时天气状况：阴天，能见度约10千米

拍摄位置："雪龙"号左舷

船首向：294

拍摄者：孙虎林

图3.30　碎冰山（5）

描　述：图正中为碎冰山，露出海面高度约5米，长度约20米，其顶部受风浪作用或与浮冰相撞而出现较多的沟壑，碎冰山周围为一年碎浮冰或块浮冰（图3.30）。

拍摄时间：2012年1月26日12:41UTC

拍摄地点：南极威德尔海，经纬度：62.87°S，47.02°E

拍摄时天气状况：阴天，能见度约10千米

拍摄位置：“雪龙”号左舷

船首向：5

拍摄者：邓小花

图3.31　碎冰山（6）

描　述：视野正中为两座碎冰山，高出海面3～4米，长度20～30米，是由两座碎冰山相撞紧贴在一起，顶部较为平坦，视野远处有另外几座冰山，更远处为南极冰盖（图3.31）。

拍摄时间：2012年2月10日13:53UTC

拍摄地点：南极普里兹湾，中山站附近，经纬度：69.32°S，76.57°E

拍摄时天气状况：晴天无云，能见度超过20千米

拍摄位置：“雪龙”号右舷

船首向：211

拍摄者：邓小花

图3.32 碎冰山（7）

描 述：视野正中为碎冰山，高出海面1～2米，长度约5米，其顶部与浮冰相撞已出现较多沟壑，碎冰山周围为厚度很薄的一年碎浮冰（图3.32）。

拍摄时间：2012年2月11日14:08UTC

拍摄地点：南极普里兹湾，中山站附近，经纬度：69.32°S，76.41°E

拍摄时天气状况：晴天无云，能见度超过20千米

拍摄位置：“雪龙”号右舷

船首向：127

拍摄者：孙虎林

图3.33　碎冰山（8）

描　述：视野正中为碎冰山，高出海面3～4米，其顶部形状不规则，左边部分为尖顶，右半部分起伏较大，远处为另外的冰山和南极大陆（图3.33）。

拍摄时间：2012年2月11日14:16UTC

拍摄地点：南极普里兹湾，中山站附近，经纬度：69.33°S，76.43°E

拍摄时天气状况：晴天无云，能见度超过20千米

拍摄位置："雪龙"号左舷

船首向：134

拍摄者：邓小花

图3.34 碎冰山（9）

描　述：蓝色冰为碎冰山，露出海面高度2～3米，其由大冰山破碎掉入海水中而形成，其颜色与周围白色的一年块浮冰有着明显不同（图3.34）。

拍摄时间：2012年2月17日10:32UTC

拍摄地点：南极普里兹湾，中山站附近，经纬度：69.37°S，76.41°E

拍摄时天气状况：阴天有阵雪，能见度约5千米

拍摄位置："雪龙"号左舷

船首向：224

拍摄者：孙虎林

图3.35　碎冰山（10）

描　述：图正中为碎冰山，左侧凸起部分露出海面高度3～4米，其余顶部较为平整，高出海面1～2米，碎冰山周围为一年碎浮冰，视野远处有多座冰山（图3.35）。

拍摄时间：2013年12月23日10:25UTC

拍摄地点：南印度洋，经纬度：61.99°S，105.66°E

拍摄时天气状况：晴天少云，能见度约20千米

拍摄位置："雪龙"号右舷

船首向：89

拍摄者：于海鹏

3.3 其他冰山

图3.36 翻身冰山

描　述：视野正中的冰山由于形状改变，重心发生变化而发生侧翻，黑色部分为之前海面以下部分，受到微生物附着而变色，右侧还有一座碎冰山（图3.36）。

拍摄时间：2012年2月20日04:22UTC

拍摄地点：南极普里兹湾，经纬度：69.13°S，75.54°E

拍摄时天气状况：多云，能见度约20千米

拍摄位置：“雪龙”号左舷

船首向：247

拍摄者：邓小花

图3.37　北极冰山

描　述：图3.37中的冰山位于北冰洋，露出水面高度4～5米，长度约20米，顶部起伏较大，不断与浮冰相撞使得其侧壁已出现较多的沟壑。

拍摄时间：2012年7月29日03:05UTC
拍摄地点：北冰洋，经纬度：77.40°N，118.03°E
拍摄时天气状况：阴天有轻雾，能见度约5千米
拍摄位置："雪龙"号左舷
船首向：270
拍摄者：李　敏

图3.38　相撞冰山

描　述：图3.38中为两座冰山相撞紧贴在了一起，左侧的冰山为尖顶冰山，右侧的为坡状冰山，冰山周围有一些碎浮冰。

拍摄时间：2013年12月23日10:51UTC

拍摄地点：南印度洋，经纬度：61.98°S，105.85°E

拍摄时天气状况：多云，能见度约20千米

拍摄位置："雪龙"号左舷

船首向：85

拍摄者：于海鹏

图3.39　凹顶冰山

描　述：图3.39中冰山两侧高中间低，顶部呈一凹弧，与圆顶冰山的凸弧相反，顶部整体露出水面又与坞状冰山不同，其侧壁较为陡立。

拍摄时间：2015年2月6日02:24UTC

拍摄地点：南极普里兹湾，经纬度：65.20°S，66.25°E

拍摄时天气状况：阴天，能见度约15千米

拍摄位置：“雪龙”号右舷

船首向：290

拍摄者：张　弛

图3.40　冰山开裂

描　述：图3.40为冰山开裂细节图，由于受到升温融化、潮汐、海流等热力动力作用的影响，其顶部出现多道开裂缝，裂缝从上至下延伸至冰山内部，促使冰山逐渐破碎，冰山侧壁较为陡立。

拍摄时间：2004年3月20日01:09UTC

拍摄地点：南极普里兹湾，中山站附近，经纬度不详

拍摄时天气状况：不详

拍摄者：姜德忠

第4章

固定冰

4.1 陆缘冰

图4.1　陆缘冰（1）

描　述：视野内海冰为中山站近岸的陆缘冰，密集度为十成，厚度接近2米，冰面顶部较为平坦，冰丘和冰脊较少，冰面上白色线为雪地车经过痕迹，视野远处为南极大陆和冰盖（图4.1）。

拍摄时间：2011年11月29日11:32UTC

拍摄地点：南极普里兹湾，中山站附近，经纬度：69.28°S，76.38°E

拍摄时天气状况：晴天少云，能见度超过20千米

拍摄位置：“雪龙”号左舷

船首向：165

拍摄者：孙虎林

图4.2 陆缘冰（2）

描　述：视野内海冰为中山站近岸的陆缘冰，密集度为十成，厚度接近2米，冰面顶部较为平坦，有零散的冰脊，冰面可见暴风吹过痕迹，视野远处有多座冰山，更远处为南极大陆和冰盖（图4.2）。

拍摄时间：2012年12月3日15:07UTC

拍摄地点：南极普里兹湾，中山站附近，经纬度：69.33°S，76.11°E

拍摄时天气状况：晴天无云，能见度超过20千米

拍摄位置："雪龙"号左舷

船首向：178

拍摄者：闫　涵

图4.3 陆缘冰（3）

描　述：视野内海冰为中山站近岸的陆缘冰，密集度为十成，厚度接近2米，冰面顶部较为平坦，有零散的冰脊，冰面可见暴风吹过痕迹，视野远处有许多冰山或碎冰山（图4.3）。

拍摄时间：2012年12月3日15:08UTC
拍摄地点：南极普里兹湾，中山站附近，经纬度：69.33°S，76.11°E
拍摄时天气状况：晴天无云，能见度超过20千米
拍摄位置：“雪龙”号右舷
船首向：178
拍摄者：闫　涵

4.2 初岸冰

图4.4　初岸冰（1）

描　述：视野内海冰密集度达到十成，为中山站附近的初岸冰，近处的海冰受潮汐变化而发生断裂，出现宽度10～20厘米的裂缝，远处海冰破碎碰撞堆积，由破碎处可见冰厚约20厘米（图4.4）。

拍摄时间：2004年3月28日07:25UTC

拍摄地点：南极普里兹湾，中山站附近，经纬度不详

拍摄时天气状况：不详

拍摄者：姜德忠

图4.5 初岸冰（2）

描 述：视野内初岸冰密集度接近十成，主要冰型为灰白冰，其厚度约20厘米，由于较少受到涌浪潮汐的动力破坏使得其整体连在一起而没有破裂，视野中央有几只企鹅正在冰上，视野远处有多座冰山和两年浮冰（图4.5）。

拍摄时间：2014年3月1日09:03UTC

拍摄地点：南极普里兹湾，经纬度：66.91°S，72.31°E

拍摄时天气状况：阴天有阵雪，能见度约5千米

拍摄位置："雪龙"号左舷

船首向：330

拍摄者：于海鹏

4.3 搁浅冰

图4.6 搁浅冰（1）

描 述：视野内海冰为中山站附近的初岸冰，主要冰型是初冰，其受到潮汐、风浪的作用发生断裂破碎碰撞并在近岸搁浅堆积成冰丘，高度2～3米，由破碎处可见冰厚约20厘米（图4.6）。

拍摄时间：2004年3月29日04:17UTC

拍摄地点：南极普里兹湾，中山站附近，经纬度不详

拍摄时天气状况：晴天少云，能见度约20千米

拍摄者：姜德忠

图4.7 搁浅冰（2）

描　述：视野内海冰为波的尼亚湾沿岸的搁浅冰，主要冰型是一年冰，其在融化过程中受到潮汐、风浪的作用发生破碎碰撞并在近岸搁浅堆积，由破碎处可见冰厚约20厘米，图中可见冰融化过程中形成的冰凌（图4.7）。

拍摄时间：2014年4月8日08:10UTC

拍摄地点：波罗的海，波的尼亚湾，Marjaniemi HAILUOTO島沿岸，经纬度：24.56°E，65.04°N

拍摄时天气状况：晴天，能见度约20千米

拍摄者：程　斌

图4.8　搁浅冰丘（1）

描　述：视野内海冰为波的尼亚湾沿岸的搁浅冰丘和正在融化的一年浮冰，冰丘在风浪、海流的作用下在近岸搁浅，高出周围冰面2～3米，冰丘和浮冰上覆盖有少量的积雪（图4.8）。

拍摄时间：2014年4月8日12:18UTC

拍摄地点：波罗的海，波的尼亚湾，Marjaniemi HAILUOTO岛沿岸，经纬度：65.04°N，24.56°E

拍摄时天气状况：晴天，能见度约20千米

拍摄者：程　斌

图4.9 搁浅冰丘（2）

描　述：此图为搁浅冰丘的近景图，冰丘高出周围冰面2～3米，在风浪、海流的作用下在近岸搁浅，冰丘和周围浮冰上覆盖有少量的积雪（图4.9）。

拍摄时间：2014年4月8日12:19UTC

拍摄地点：波罗的海，波的尼亚湾，Marjaniemi HAILUOTO岛沿岸，经纬度：65.04°N，24.56°E

拍摄时天气状况：晴天，能见度约20千米

拍摄者：程　斌

4.4 搁浅冰山

图4.10 搁浅冰山（1）

描　述：视野内为中山站近岸的搁浅冰山，此处水深较浅使得冰山搁浅而长期停留在此处，风浪、潮汐、融化等因素使得冰山顶部风化严重，呈现千沟万壑，冰山周围为冻结在一起的初岸冰（图4.10）。

拍摄时间：2004年3月27日05:12UTC

拍摄地点：南极普里兹湾，中山站附近，经纬度不详

拍摄时天气状况：晴天少云，能见度超过20千米

拍摄者：姜德忠

图4.11 搁浅冰山（2）

描　述：视野内为中山站近岸的搁浅冰山，其在此处长久搁浅，持续受风浪、融化等因素影响使得冰山顶部出现较多的开裂，冰山周围有一些碎浮冰，视野远处有另外几座搁浅冰山并可见南极大陆（图4.11）。

拍摄时间：2008年3月3日13:16UTC
拍摄地点：南极普里兹湾，中山站附近，经纬度：69.35°S，76.47°E
拍摄时天气状况：晴天无云，能见度超过20千米
拍摄位置：“雪龙”号右舷
船首向：不详
拍摄者：任北期

图4.12 搁浅碎冰山

描　述：视野内为中山站近岸的搁浅碎冰山，由于海陆分布和地形作用使得该处盛行风向指向近岸，碎冰山在风浪的作用下不断移向近岸水浅处，直至发生搁浅，碎冰山周围为聚集在一起的一年碎浮冰（图4.12）。

拍摄时间：2012年2月19日09:06UTC

拍摄地点：南极中山站附近，经纬度不详

拍摄时天气状况：多云，能见度约15千米

拍摄者：孙虎林

4.5 搁岸冰

图4.13 搁岸冰（1）

描　述：图中为中山站附近的隔岸冰，风浪、海流等因素将漂浮的碎浮冰推移至近岸并搁浅，在水位下降后这些海冰继续留在岸上，形成隔岸冰，视野远处为南极大陆和冰盖（图4.13）。

拍摄时间：2004年4月21日11:49UTC

拍摄地点：南极普里兹湾，中山站附近，经纬度不详

拍摄时天气状况：晴天少云，能见度约20千米

拍摄者：姜德忠

图4.14　搁岸冰（2）

描　述：图中为长城站附近的隔岸冰，风浪、海流等因素将漂浮的海冰推移至近岸并搁浅，在水位下降后海冰继续留在岸上，形成隔岸冰并不断融化变小，其不久后将彻底融化完全消失（图4.14）。

拍摄时间：2012年1月3日16:29UTC

拍摄地点：南极半岛，长城站附近，经纬度不详

拍摄时天气状况：阴天，能见度约10千米

拍摄者：邓小花

4.6 冰　足

图4.15　冰　足

描　述：视野近处为中山站附近近岸的冰足，它表现为沿海岸的一条狭长冰缘，在湖里的固定冰移走后也维持不动，也不随潮汐而移动，视野远处为南极冰盖（图4.15）。

拍摄时间：2008年3月9日12:03UTC

拍摄地点：南极普里兹湾，中山站附近，经纬度不详

拍摄时天气状况：晴天少云，能见度约20千米

拍摄者：任北期

第5章

其他海冰

5.1 冰面形变

5.1.1 指状冰

图5.1　指状冰（1）

描　述：视野内海冰总密集度九至十成，颜色较深的大片海冰为冰壳，其厚度小于5厘米，在涌浪作用下冰壳破碎成狭长的条状或矩形的块状，视野正中较亮部分为部分条状冰壳由于碰撞相互叠加变厚形成的指状冰，视野近处和远处另有一些荷叶冰（图5.1）。

拍摄时间：2008年3月10日07:07UTC

拍摄地点：南极普里兹湾，经纬度：68.75°S，75.75°E

拍摄时天气状况：多云，能见度大于20千米

拍摄位置：“雪龙”号右舷

船首向：333

拍摄者：任北期

图5.2 指状冰（2）

描　述：图5.2为指状冰的近景图，近处的冰壳破碎成长条状，并在风浪的作用下相互挤压叠加在一起，使得厚度变厚颜色变亮，视野远处的冰壳没有碰撞叠加，厚度较薄颜色较暗。

拍摄时间：2015年2月6日16:08UTC

拍摄地点：南极威德尔海，经纬度不详

拍摄时天气状况：不详

拍摄位置：南非“S. A. Agulhas Ⅱ”考察船

拍摄者：Katriina Veijola

5.1.2 筏状冰

图5.3 筏状冰（1）

描 述：图5.3为筏状明尼罗冰的近景图，其厚度5～10厘米，是由暗尼罗冰互相挤压叠加发生堆积而形成的，图中可见部分未发生堆积的颜色较暗的暗尼罗冰。

拍摄时间：2012年3月6日03:22UTC

拍摄地点：南极普里兹湾，戴维斯站附近，经纬度：68.60°S，77.82°E

拍摄时天气状况：多云，能见度超过20千米

拍摄位置：“雪龙”号右舷

船首向：351

拍摄者：孙虎林

图5.4　筏状冰（2）

描　述：图5.4为筏状冰壳的近景图，冰壳本身厚度2～3厘米，其弹性较差，在风浪的作用下发生破碎，并互相挤压叠加发生堆积成筏状。

拍摄时间：2012年8月28日00:09UTC
拍摄地点：北冰洋，经纬度：81.06°N，127.30°E
拍摄时天气状况：阴天有浓雾，能见度不足1千米
拍摄位置："雪龙"号左舷
船首向：151
拍摄者：李　敏

5.1.3 堆积冰

图5.5 堆积冰（1）

描　述：视野内海冰为一年块浮冰，视野正中的浮冰是由两块浮冰发生碰撞叠加并重新冻结在一起形成的堆积冰，使得其厚度比周围的浮冰厚，上面一块浮冰的底层在图中清晰可见（图5.5）。

拍摄时间：2005年12月24日00:01UTC
拍摄地点：南极普里兹湾，经纬度：67.31°S，74.11°E
拍摄时天气状况：多云，能见度超过20千米
拍摄位置："雪龙"号左舷
船首向：334
拍摄者：孟　上

图5.6　堆积冰（2）

描　述：视野内为北冰洋近海的多年冰，其由不同的多年浮冰发生碰撞叠加而形成的堆积冰，厚度2～3米，其在融化—冻结循环和漂移过程中冰内杂质或灰尘越来越多，使得其颜色变灰（图5.6）。

拍摄时间：2012年7月20日11:32UTC

拍摄地点：北冰洋，楚科奇海，经纬度：70.95°N，168.33°W

拍摄时天气状况：多云，能见度约20千米

拍摄位置：“雪龙”号左舷

船首向：270

拍摄者：李　敏

图5.7　堆积冰（3）

描　述：视野内海冰为一年块浮冰和碎浮冰，视野正中的浮冰是由几块浮冰发生碰撞叠加并重新冻结在一起形成的堆积冰，浮冰之间的边界在图中清晰可见（图5.7）。

拍摄时间：2014年12月29日19:33UTC
拍摄地点：南极威德尔海，经纬度不详
拍摄时天气状况：不详
拍摄位置：南非“S. A. Agulhas Ⅱ”考察船
拍摄者：Katriina Veijola

5.1.4 侧立浮冰

图5.8　侧立浮冰

描　述：图5.8中为南极中山站附近陆缘冰上的融池和测立浮冰，顶部积雪和部分冰融化后的融水聚集形成融池，其边缘有一块侧立的浮冰，融池周边的海冰较为平滑。

拍摄时间：2005年12月22日18:14UTC

拍摄地点：南极普里兹湾，中山站附近，经纬度：69.20°S，76.18°E

拍摄时天气状况：晴天无云，能见度超过20千米

拍摄位置："雪龙"号左舷

船首向：168

拍摄者：宋晓姜

5.1.5 冰　脊

图5.9　冰　脊（1）

描　述：视野内为中山站附近的新生冰脊，其在冰面上形成突出冰面的碎块，大多数冰脊有尖的冰峰，侧面斜坡多数也超过40度（图5.9）。

拍摄时间：2004年3月22日06:53UTC
拍摄地点：南极普里兹湾，中山站附近，经纬度不详
拍摄时天气状况：多云，能见度良好
拍摄者：姜德忠

图5.10　冰　脊（2）

描　述：视野内为中山站附近的新生冰脊，其在冰面上形成突出冰面的碎块，大多数冰脊有尖的冰峰，侧面斜坡多数也超过40度，个别冰脊侧面受摩擦影响较为圆滑（图5.10）。

拍摄时间：2004年3月27日00:50UTC

拍摄地点：南极普里兹湾，中山站附近，经纬度不详

拍摄时天气状况：不详

拍摄者：姜德忠

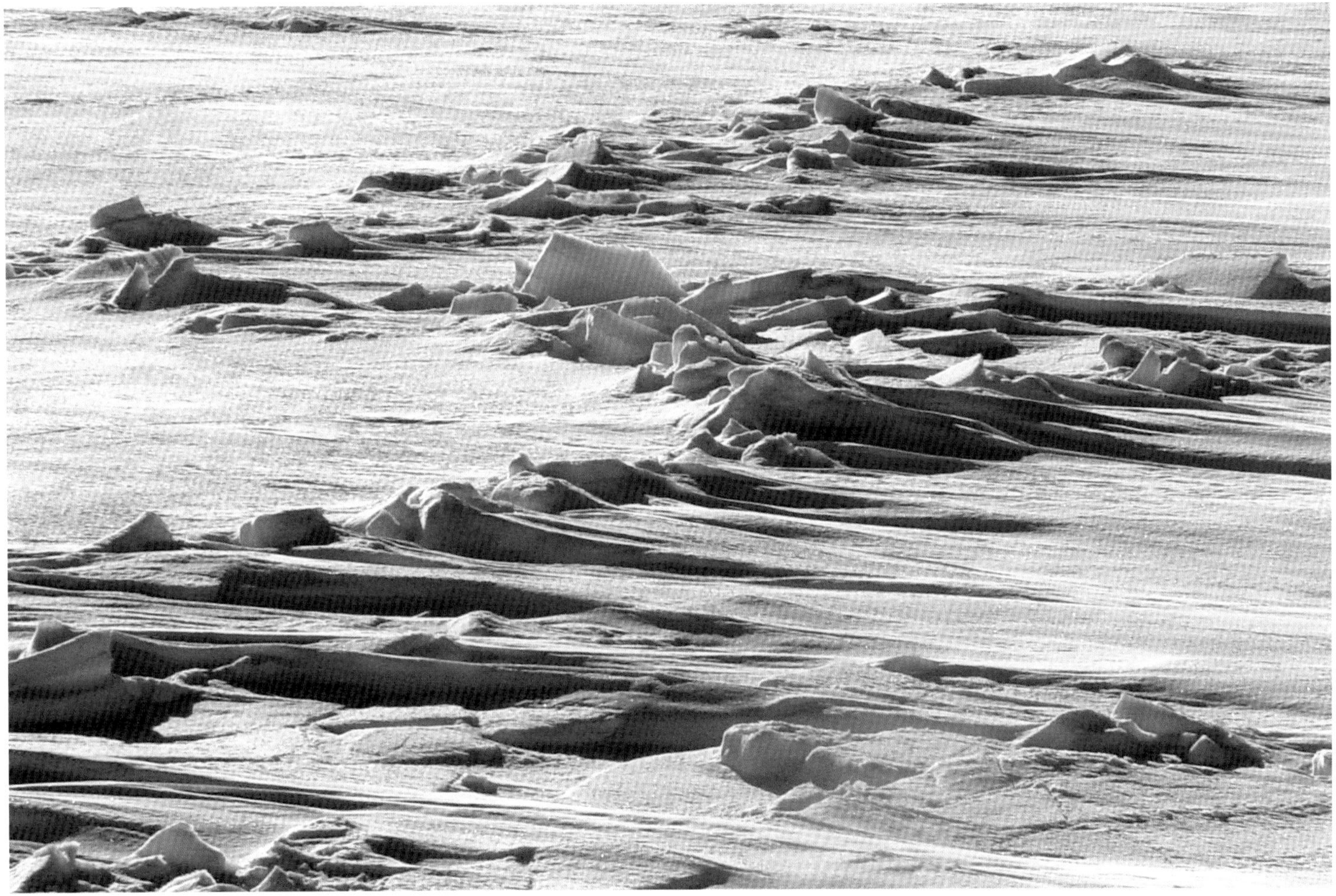

图5.11　冰　脊（3）

描　述：视野内为中山站附近陆缘冰上的风化冰脊，风蚀的作用使得一些冰峰较为圆滑，其侧壁的坡度也较缓，单个碎块冰脊已较难辨认（图5.11）。

拍摄时间：2005年12月18日00:12UTC

拍摄地点：南极普里兹湾，中山站附近，经纬度：69.17°S，76.15°E

拍摄时天气状况：晴天无云，能见度超过20千米

拍摄位置：“雪龙”号左舷

船首向：168

拍摄者：宋晓姜

图5.12 冰 脊（4）

描 述：视野内为块浮冰上的风化冰脊，虽然视野近处冰脊的冰峰仍比较尖锐，但受风蚀及降雪冻结等作用影响已无法辨认出单个冰脊碎块，其坡度也大多较为平缓（图5.12）。

拍摄时间：2014年11月28日12:34UTC

拍摄地点：南印度洋，经纬度：63.50°S，76.52°E

拍摄时天气状况：阴天，能见度约15千米

拍摄位置："雪龙"号右舷

船首向：195

拍摄者：张 弛

图5.13　冰　脊（5）

描　述：视野内为北冰洋近海小浮冰上的老化冰脊，其已经历相当程度的风化作用，单个冰脊块已无法辨认，也没有较为尖锐的冰峰，只剩下起伏不平但坡度较缓的表面，其左侧为表面融水聚集形成的融池（图5.13）。

拍摄时间：2012年7月20日11:31UTC
拍摄地点：北冰洋，楚科奇海，经纬度：70.95°N，168.33°W
拍摄时天气状况：多云，能见度约20千米
拍摄位置："雪龙"号右舷
船首向：270
拍摄者：李　敏

5.1.6 冰　丘

图5.14　冰　丘（1）

描　述：视野内海冰为中山站附近的冰丘，其高出冰面2～3米，由碎冰脊互相挤压而堆积隆起而生成，远处的海冰上有较多的冰脊和侧立浮冰（图5.14）。

拍摄时间：2004年3月21日06:44UTC

拍摄地点：南极普里兹湾，中山站附近，经纬度不详

拍摄时天气状况：晴天少云，能见度约20千米

拍摄者：姜德忠

图5.15　冰　丘（2）

描　述：图5.15为近岸搁浅的冰丘，其高出周围冰面2～3米，在风浪、海流的作用下在近岸搁浅，冰丘和周围浮冰上覆盖有少量的积雪。

拍摄时间：2014年4月8日12:25UTC

拍摄地点：波罗的海，波的尼亚湾，Marjaniemi HAILUOTO岛沿岸，经纬度：24.56°E，65.04°N

拍摄时天气状况：晴天，能见度约20千米

拍摄者：程　斌

5.1.7 雪面波纹

图5.16 雪面波纹（1）

描　述：视野内灰色较薄海冰为新生的灰白冰，左下角破碎处可见其厚度，灰白冰上覆盖有积雪，在风的吹蚀和堆积作用下，冰面上的积雪形成一道道轮廓分明的波纹，近处和远处的白色较厚海冰为正在成长的两年冰（图5.16）。

拍摄时间：2014年3月1日06:55UTC

拍摄地点：南极普里兹湾，经纬度：67.13°S，72.41°E

拍摄时天气状况：阴有小雪，能见度约2千米

拍摄位置：“雪龙”号左舷

船首向：330

拍摄者：于海鹏

图5.17　雪面波纹（2）

描　述：视野内灰色较薄海冰为新生的灰白冰，拍摄时正在下雪使得灰白冰上覆盖有积雪，在风的吹蚀和堆积作用下，冰面上的积雪呈现为一道道轮廓分明的波纹，近处和远处的白色较厚海冰为正在成长的两年冰（图5.17）。

拍摄时间：2014年3月1日06:55UTC

拍摄地点：南极普里兹湾，经纬度：67.13°S，72.41°E

拍摄时天气状况：阴有小雪，能见度约2千米

拍摄位置："雪龙"号左舷

船首向：330

拍摄者：于海鹏

5.2 冰间水域

5.2.1 冰裂缝

图5.18　冰裂缝之潮汐裂缝

描　述：视野内海冰密集度达到十成，为中山站附近的初岸冰，其受潮汐变化而发生断裂，冰裂缝宽度10～20厘米，视野远处海冰破碎碰撞堆积使得顶部有许多小的冰脊（图5.18）。

拍摄时间：2004年3月28日07:25UTC

拍摄地点：南极普里兹湾，中山站附近，经纬度不详

天空状况：不明

拍摄者：姜德忠

图5.19　冰裂缝之涌浪裂缝

描　述：视野内海冰密集度接近十成，当时普里兹湾口有强绕极气旋活动，其产生的大涌浪向南传入使得原本连成一整片的陆缘冰发生断裂，冰裂缝之间基本平行，断裂后的浮冰以狭长的一年中浮冰为主，冰面顶部较为平坦，视野远处为南极冰架（图5.19）。

拍摄时间：2012年2月28日4:16UTC
拍摄地点：南极普里兹湾，经纬度：69.47°S，74.42°E
拍摄时天气状况：晴天无云，能见度超过20千米
拍摄位置：“雪龙”号船首
船首向：274
拍摄者：孙虎林

图5.20 冰裂缝之撞击裂缝（1）

描　述：图5.20为冰裂缝近景图，大浮冰在“雪龙”船的撞击作用下发生断裂，裂缝宽度约几十厘米，浮冰顶部可见多个融池并有一些老化冰脊。

拍摄时间：2010年8月19日23:55UTC

拍摄地点：北冰洋，经纬度：88.37°N，177.42°W

拍摄时天气状况：多云，能见度约20千米

拍摄位置：“雪龙”号右舷

船首向：171

拍摄者：任北期

图5.21 冰裂缝之撞击裂缝（2）

描　述：图5.21为冰裂缝近景图，中山站附近的陆缘冰在“雪龙”船破冰撞击作用下发生断裂，裂缝呈“S”状走向，潮汐、海流的作用使得冰裂缝扩大至接近1米，远处密集碎冰区为俄罗斯破冰船的航道。

拍摄时间：2011年11月29日14:43UTC
拍摄地点：南极普里兹湾，中山站附近，经纬度：69.28°S，76.37°E
拍摄时天气状况：晴天少云，能见度约15千米
拍摄位置：“雪龙”号右舷
船首向：207
拍摄者：孙虎林

图5.22 冰裂缝之撞击裂缝（3）

描　述：视野内海冰密集度为十成，为中山站近岸的陆缘冰，其在“雪龙”船破冰撞击作用下发生断裂，视野内有两条冰裂缝，宽度在10～20厘米，视野远处有多座冰山（图5.22）。

拍摄时间：2012年12月15日00:14UTC

拍摄地点：南极普里兹湾，中山站附近，经纬度：69.29°S，76.11°E

拍摄时天气状况：多云，能见度约20千米

拍摄位置：“雪龙”号左舷

船首向：173

拍摄者：闫　涵

5.2.2 冰断开

图5.23 冰断开（1）

描 述：视野内海冰密集度约九成，为中山站近岸的陆缘冰，其在潮汐、海流的作用下出现断开，断开宽度约10米，视野远处有多座冰山（图5.23）。

拍摄时间：2005年12月18日23:57UTC

拍摄地点：南极普里兹湾，中山站附近，经纬度：69.20°S，76.18°E

拍摄时天气状况：晴天少云，能见度超过20千米

拍摄位置："雪龙"号右舷

船首向：168

拍摄者：宋晓姜

图5.24　冰断开（2）

描　述：视野内海冰密集度接近十成，为中山站近岸的陆缘冰，其在潮汐、海流的作用下出现断开，断开宽度约10米，视野远处有多座冰山（图5.24）。

拍摄时间：2005年12月21日00UTC

拍摄地点：南极普里兹湾，中山站附近，经纬度：69.20°S，76.18°E

拍摄时天气状况：晴天无云，能见度超过20千米

拍摄位置：“雪龙”号右舷

船首向：168

拍摄者：孟　上

图5.25 冰断开（3）

描　述：图5.25为陆缘冰断开的近景图，海冰断开宽度10～20米，水面上有零散的碎浮冰。

拍摄时间：2005年12月21日07:39UTC

拍摄地点：南极普里兹湾，中山站附近，经纬度：69.20°S，76.18°E

拍摄时天气状况：晴天少云，能见度超过20千米

拍摄位置：“雪龙”号右舷

船首向：168

拍摄者：孟　上

图5.26 冰断开（4）

描　述：视野内海冰密集度约九成，冰型为一年大浮冰，其在潮汐、海流的作用下出现断开，断开宽度5～10米（图5.26）。

拍摄时间：2008年11月16日13:37UTC

拍摄地点：南印度洋，经纬度：66.05°S，76.08°E

拍摄时天气状况：多云，能见度约15千米

拍摄位置："雪龙"号左舷

船首向：143

拍摄者：张海影

图5.27 冰断开（5）

描　述：视野内海冰密集度约七成，为北冰洋上的大浮冰，其在潮汐、涌浪的作用下出现断开，断开宽度约10米，断开的水面上有零散的碎浮冰（图5.27）。

拍摄时间：2012年9月2日11:55UTC
拍摄地点：北冰洋，经纬度：83.63°N，161.68°E
拍摄时天气状况：阴天，能见度约10千米
拍摄位置：“雪龙”号左舷
船首向：174
拍摄者：李　敏

5.2.3 水　道

图5.28　水　道（1）

描　述：视野内海冰为南极大陆近岸的陆缘冰，其断开后一侧浮冰在潮汐、海流的作用下向外漂移，使得二者之间出现宽度约50米的水道，“雪龙”号当时正在水道内航行，视野远处为南极大陆和冰盖（图5.28）。

拍摄时间：2011年12月17日11:41UTC

拍摄地点：南极普里兹湾，经纬度：68.83°S，77.36°E

拍摄时天气状况：晴天无云，能见度超过20千米

拍摄位置：“雪龙”号右舷

船首向：50

拍摄者：孙虎林

图5.29　水　道（2）

描　述：视野内海冰密集度约为九成，以一年块浮冰为主，两密集冰区中间为无浮冰的水道，宽度约10米，“雪龙”号当时正在水道内航行（图5.29）。

拍摄时间：2014年12月29日16:33UTC
拍摄地点：南极罗斯海，经纬度：77.09°S，166.76°E
拍摄时天气状况：晴天少云，能见度超过20千米
拍摄位置：“雪龙”号前部
船首向：125
拍摄者：张　弛

图5.30 水 道（3）

描 述：视野内海冰密集度约为九成，以一年块浮冰为主，两密集冰区中间为无浮冰的水道，宽度10～20米，“雪龙”号当时正在水道内航行（图5.30）。

拍摄时间：2014年12月31日12:10UTC

拍摄地点：南极罗斯海，经纬度：75.06°S、167.75°E

拍摄时天气状况：晴天少云，能见度超过20千米

拍摄位置：“雪龙”号前部

船首向：175

拍摄者：张 弛

5.2.4 冰间湖

图5.31　冰间湖（1）

描　述：视野内为中山站附近的冰间湖，被南极冰盖和大块平顶冰山包围，夜间来自南极冰盖的下降风使得冰面上的浮冰向外漂移，从而形成了冰间湖，冰间湖近岸处有少量的浮冰，平顶冰山顶部有较多的风化沟壑（图5.31）。

拍摄时间：2004年3月27日04:55UTC
拍摄地点：南极普里兹湾，中山站附近，经纬度不详
天空状况：晴天无云，能见度超过20千米
拍摄者：姜德忠

图5.32　冰间湖（2）

描　述：视野内为北冰洋高纬度的冰间湖，近处为正在融化的一年中浮冰，视野远处右侧可见冰间湖边界，冰间湖内有少量的一年块浮冰（图5.32）。

拍摄时间：2008年8月31日04:52UTC

拍摄地点：北冰洋，楚科奇海，经纬度：83.68°N，149.24°W

拍摄时天气状况：晴天少云，能见度超过20千米

拍摄位置：“雪龙”号左舷

船首向：215

拍摄者：魏立新

图5.33 冰间湖（3）

描 述：视野内为南极普里兹湾的冰间湖，视野左侧可见冰间湖边界，冰间湖内有少量的一年块浮冰和碎浮冰（图5.33）。

拍摄时间：2014年11月30日10:20UTC

拍摄地点：南极普里兹湾，经纬度：69.11°S，76.25°E

拍摄时天气状况：晴天无云，能见度超过20千米

拍摄位置：“雪龙”号左舷

船首向：65

拍摄者：张 弛

参考文献

国家南极考察委员会办公室，国家海洋环境预报中心. 1991. 南极海冰图集及资料. 北京：中国科学技术出版社.

国家海洋环境预报中心. 2008. 极地考察海洋气象论文集. 北京：海洋出版社.

美国海军极地海洋中心编. 薛振和，张林，钱平译，解思梅审校. 1995. 海冰观测手册. 国家海洋局南极考察办公室.

魏文良. 2008. 中国极地考察航线海洋气象研究. 北京：海洋出版社.

Canadian Ice Service. 2005. Manual of Standard Procedures for Observing and Reporting Ice Conditions. http://www.ec.gc.ca/glaces-ice/default.asp?lang=En&n=4FF82CBD-1.

World Meteorological Organization. 1989. WMO SEA-ICE NOMENCLATURE, Supplement No. 5, WMO - No. 259.